海洋资源开发与海洋经济发展探究

陈 龙 著

中国原子能出版社
China Atomic Energy Press

图书在版编目（CIP）数据

海洋资源开发与海洋经济发展探究 / 陈龙著. --北京：中国原子能出版社，2023.11

ISBN 978-7-5221-2959-4

Ⅰ.① 海… Ⅱ.①陈… Ⅲ.①海洋资源–资源开发–研究–中国②海洋经济–经济发展–研究–中国 Ⅳ.①P74

中国国家版本馆 CIP 数据核字（2023）第 168847 号

海洋资源开发与海洋经济发展探究

出版发行 中国原子能出版社（北京市海淀区阜成路 43 号 100048）
责任编辑 张 磊
责任印制 赵 明
印　　刷 北京天恒嘉业印刷有限公司
经　　销 全国新华书店
开　　本 787 mm×1092 mm 1/16
印　　张 12
字　　数 200 千字
版　　次 2023 年 11 月第 1 版 2023 年 11 月第 1 次印刷
书　　号 ISBN 978-7-5221-2959-4 **定　价** **68.00** 元

网址：**http://www.aep.com.cn** E-mail：**atomep123@126.com**
发行电话：**010-68452845**

前言

如今，随着全球经济的快速发展和人口的不断增长，海洋资源的重要性日益凸显。作为地球上占比最大的自然资源之一，海洋资源早已不再只是用来支撑基本生态系统的运转，而是成为人类社会不可或缺的经济资源。我们应深入探讨海洋资源的涵义、分布特点以及利用和保护等问题，并对海洋经济发展的未来进行展望，从而为相关领域的研究和实践提供有价值的参考和指导。

海洋资源的开发和利用涉及多个剖析角度，比如海洋能源、渔业资源、海洋旅游、海底矿产等方面。越来越多的学者和官方部门开始重视并探讨各种海洋能源在全球能源体系中的地位和前景，梳理当今主流的海洋能源技术和应用案例。另外，渔业资源的保护与可持续利用问题也是关注的焦点，包括渔业资源的供需状况、捕捞技术和管理政策，建立可持续渔业发展模式的具体方案等。近年来，我国海洋经济发展有了长足的进步。各部门在政策法规的支持下，大规模开展了深海勘探、海洋牧场建设、海洋旅游等多项重点工作。这些举措不仅推动了国民经济结构调整和转型升级，同时也为增加就业、促进社会发展做出了积极的贡献。

海洋资源是人类社会发展的重要资源，但目前在全球范围内，对海洋资源的开发利用和保护存在着很多问题和挑战。因此，更好地理解和分析海洋资源开发和海洋经济发展的实际情况，才能为推动全球海洋事业的可持续发展提供有力保障。

本书共分为五章。第一章主题是海洋与海洋资源概述，介绍了现代海洋研究与海洋资源探索、海洋资源分类、海洋环境及生态系统构成三方面内容；第二章围绕海洋资源管理与开发展开论述，包括三节：海籍管理与海域使用管理、海洋资源经济管理与法律管理、中国海洋资源开发现状分析；第三章介绍了现代海洋经济建设实务，包括三部分：海洋经济发展战略、中国海洋区域经济发展研究、中国海洋经济高质量发展策略；第四章的主题是海洋知识经济建设，由四节构成：现代海洋经济与知识经济辨析、海洋高技术研究、海洋信息管理与海洋信息技术、海洋教育与海洋文化建设；第五章围绕海洋经济的可持续发展进行论述，从四个角度深入介绍：海洋环境破坏及修复、海洋环境保护策略、海洋资源生态管理、科技支持下的海洋产业可持续发展。

在撰写本书的过程中，作者得到了许多专家学者的帮助和指导，参考了大量的学术文献，在此表示真诚的感谢。本书内容系统全面，论述条理清晰、深入浅出，但由于作者水平有限，书中难免会有疏漏之处，希望广大同行及时指正。

作　者

2023 年 4 月

目录

CONTENTS

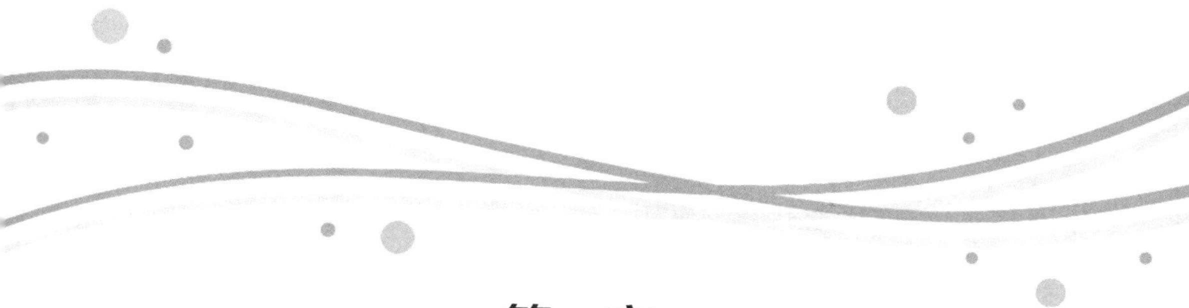

第一章
海洋与海洋资源概述

在技术手段和经济发展的驱动下，海洋经济学已成为经济学中的热议项目。本章为海洋与海洋资源概述，主要从三个方面进行论述：现代海洋研究与海洋资源探索、海洋资源分类、海洋环境及生态系统构成。

第一节　现代海洋研究与海洋资源探索

人类生活的地球表面71%是海洋，29%是陆地，有些陆地也是当年由海洋演变而来的。可以说，地球上发生的许多自然现象都与海洋有关，海洋在整个世界占据着非常重要的地位，然而人类对整个海洋的了解并不多：海洋是怎么形成的？它是怎样发展变化的？它又是怎么对这个世界产生影响……这些问题依然有待人类代代探索。

一、海洋概述

海洋是自然环境的重要组成部分。海洋对人类的生存和发展有着重要意义。地球表面总面积约 5.1×10^8 km²，分属于陆地和海洋。如以大地水准面为基准，陆地面积为 1.49×10^8 km²，占地表总面积的 29.2%；海洋面积为 3.61×10^8 km²，占地表总面积的 70.8%。海陆面积之比为 2.4∶1，可见地表大部分为海水所覆盖[①]。

（一）海洋的划分

因为距离陆域位置远近有差别，海底地貌和地质状况不同，海水各层尤其是表面水的温度、盐度、气体组成、水层动态生物分布等方面不同，所以海洋各部分无疑存在着区域差异，在海洋环境上表现出不同的生态特点。

1. 海洋的分类

海洋主要可分为两部分，即主要与附属两部分，也可以说是海与洋，海与洋属于不同的部分，通常情况下，洋属于主要部分，海属于附属部分。其中，洋属于海洋的主体，面积较大，一般情况下，洋都是远离大陆的，深度比较深，超过 2 km，面积也比较广阔。洋的沉积物多为海相沉积。世界上的洋被大陆分割成彼此相通的四个大洋，即太平洋（the Pacific Ocean）、大西洋（the Atlantic Ocean）、印度洋（the Indian Ocean）和北冰洋（the Arctic Ocean）。大陆和岛屿是洋的天然界线，在没有可作为界线的大陆和岛屿的洋面，就以假定的标志为界线。比如，北极圈是北冰洋和太平洋、大西洋的假定界线。

在海洋中，海属于各大洋，海一般属于比较边缘的部分，它通常与陆地交错毗邻，海离大陆近，深度较浅，一般在 2 km 内；海的面积较小，约占海洋总面积的 9.7%；由于受到大陆的影响，海有比较明显的季节变化，环境因子变化比较剧烈；海的沉积物多为陆相沉积[②]。

海主要可以分为三类，即陆间海、内海和边缘海。

通常情况下，位于相邻两大陆之间的海被叫作陆间海，它的深度比较大，有海峡与相邻的海洋沟通，其海盆不仅分割大陆上部，而且分割大陆的基部，如欧洲和非洲之间的地中海，南北美洲之间的加勒比海。内海深入大陆之内，深度一般不大，虽与海洋有不同程度的联系，但受大陆影响更大。有的内海与众多国家毗邻，如波罗的海；有的内海只是一个国家的内海，如我国的渤海。边缘海位于大陆边缘，不深入大陆，以半岛、岛屿或群岛与其他海洋分开，但

① 联合国教科文组织政府间海洋学委员．全球海洋科学报告［M］．刘大海，杨红，于莹，译．北京：海洋出版社，2020.

② 联合国教科文组织政府间海洋学委员．全球海洋科学报告［M］．刘大海，杨红，于莹，译．北京：海洋出版社，2020.

可以自由的沟通，如东海、南海等。根据国际水道测量局的材料，全世界共有54个海。

此外，海洋因其封闭形态不同还有海湾和海峡之分。

海湾是海洋深入陆地，且深度、宽度逐渐减小的水域，如渤海湾、北部湾等。由于与大洋区的海洋环境相比，海湾水域有着截然不同的水动力学机制，同时海湾水域又是陆海相互作用剧烈的区域，人为因素的影响也相对较大，因此海湾生态环境也是海洋环境研究中的一个重要区域。

海峡是狭窄的水道，两侧被陆地或岛屿封闭，沟通海洋与海洋。海峡最主要的特征是流急，特别是潮流速度大。海流有的上、下分层流入、流出，如直布罗陀海峡等；有的分左、右侧流入或流出，如渤海海峡等。由于海峡往往受不同海区水团和环流的影响，故其海洋状况通常比较复杂。

海洋的平均深度达3 795 m，最深处是位于太平洋马里亚纳海沟的斐查兹海渊，其深度达11 034 m，是地球的最深点。海洋的体积大约为 13.7×10^8 km³。①

2. 中国海的分区

中国海域宽广、岸线曲折、岛屿众多、海洋资源丰富。中国海濒临西太平洋，北以中国大陆为界，南至努沙登加拉群岛，南北纵越纬度44°，西起中国大陆、中南半岛，东至琉球群岛、中国台湾和菲律宾群岛，东西横跨经度32°。中国海自北向南跨越温带、亚热带和热带3个气候带，海岸类型多样化，海岸线长达18 000 km，海域面积为 4.73×10^6 km²。

中国海域内拥有岛屿超过6 500个，其中包括舟山群岛、万山群岛、台湾岛和海南岛等著名岛屿，总面积为 8×10^4 km²，岛屿岸线为14 000 km；流入海域内的河流约有1 500条，其中包括黄河、长江、珠江等著名河流；年总径流量为 1.8×10^{12} m³；海底地形复杂，受大陆的影响沉积物多为陆相沉积；潮汐类型主要为全日潮、半日潮和不规则潮汐等。

中国海域划分为渤海、黄海、东海和南海4个海区。

渤海：形似一个侧放着的葫芦，北至辽河口，南到弥河口，跨度为550 km，东西宽为346 km。实际上，渤海三面被陆地环抱，是以渤海海峡与黄海连通的半封闭性内海。在4个海域中，渤海的面积最小，只有77 000 km²，最大深

① 联合国教科文组织政府间海洋学委员．全球海洋科学报告［M］．刘大海，杨红，于莹,译．北京：海洋出版社，2020.

度为 80 m，位于渤海海峡的老铁山水道，平均深度为 18 m。流入渤海的河流较多，其中有黄河、海河和滦河等主要河流。黄河年平均径流量为 4.82×10^{10} m^3。渤海海域盐度较低，年平均为 3%，近岸河口区为 2.2%～2.6%。水温变化较大，夏季为 24～28 ℃，冬季在 0 ℃左右，3 个海湾附近沿岸均有结冰现象，其冰冻范围为 1 km 左右，最大范围可达 20～40 km。

黄海：位于中国大陆与朝鲜半岛之间，济州岛以北，南北长 870 km，东西宽为 550 km，最窄处仅 180 km。面积为 4.2×10^5 km^2，最大深度 140 m，平均深度为 44 m。

从山东半岛成山角至朝鲜半岛长山一线又将黄海划分为两部分，连线以北为北黄海，以南称南黄海。北黄海的面积为 7.1×10^4 km^2，南黄海的面积为 3.09×10^5 km^2，因为苏北沿岸平原是古黄河下游的三角洲，所以水深较浅，海底坡度十分平缓。

东海：东海是一个比较宽阔的边缘海。东海海域内海峡较多，东北有朝鲜海峡，其将东海与邻近海域及太平洋连通。东有大隅、吐噶喇等海峡与太平洋连通，南有台湾海峡与南海连通。流入海域内的河流主要有长江、钱塘江、瓯江和闽江等。世界著名的舟山渔场就位于东海，这里是中国近海海域黄鱼、带鱼的主要作业渔场。

南海：越过台湾海峡就进入了碧波万顷的南海。它北起中国台湾、广东、海南和广西，东至中国台湾、菲律宾的吕宋、民都洛及巴拉望岛，西至中南半岛和马来半岛，南至印度尼西亚的苏门答腊与加里曼丹岛之间的隆起地带。南海面积为 3.5×10^6 km^2，是渤海、黄海和东海面积之和的 3 倍。海域内有著名的北部湾和泰国湾。海域最大深度为 5 559 m，位于菲律宾附近。海域平均深度为 1 212 m。

流入南海的河流有中国沿岸的珠江、赣江以及中南半岛的红河、湄公河和湄南河等。

浩瀚的南海海域拥有 1 200 多个大大小小的岛、礁、滩，并组成了著名的四大群岛，即东沙群岛、西沙群岛、中沙群岛和南沙群岛，亦称中国南海诸岛[①]。

中国海在海洋形态上属于边缘海类型中的纵边海，其形状为椭圆形，南北

① 胡志勇. 中国海洋治理研究［M］. 上海：上海人民出版社，2020.

长，东西短。中国海主要在大陆架以内，即在 200 m 等深线以内，但在东海东侧的琉球群岛和南海南端的菲律宾与婆罗洲沿岸，超出了大陆架的范围，南海的中部到菲律宾的一半属大陆坡范围。渤海、黄海和东海属于温带海，一年中海况的季节变化比较大。南海属于热带海，其海况季节变化较小。我国四大领海的海域辽阔，资源丰富，有漫长的海岸线和众多的港湾，为我国发展海洋渔业提供了良好的条件。

（二）海洋现象

1. 海浪

海浪是由外部能量驱动海水所形成的运动，大多数海浪是“风浪”。风吹过海面时，会将海水卷起，并带动海水向前运动，最后形成海浪。在波峰处，重力把海水向下拉，形成杯状的波谷。通常情况下，风浪在海面上平稳前行，最后到达海岸，将能量释放出去。最大的风浪一般出现在大洋中的强风海域，如环绕南极洲的南大洋。在澳大利亚南部沿海地区，2.7～3 m 高的海浪很常见，风暴引起的海浪经常高达 6 m。但是在北大西洋的一些地区，某些条件下的风和海流会引起所谓的畸形波，这种波浪可高达 33 m，有的甚至更高。

2. 海流

海流也称为洋流，是指大洋中一部分海水在某些外力的作用下形成的长距离定向流动，因其某些特征与陆地上的河流有相似之处，因而被称为海流。

海流虽然也有边界、流向、流速等，但其边界远不像河流那样分明，而宽度、流量等一般要比河流大得多。海流的宽度最大可达数百千米，长度则可达数千千米，其流速一般都可以达到 5 km/h 以上。有些海流的流速和流量有时大得惊人，例如：在挪威的萨尔登湾与西尔斯达德湾之间的海峡中，海流的最大流速可达 30 km/h，其巨大的轰鸣声可传至数千米之外；墨西哥湾暖流在通过佛罗里达海峡时的流量可以达到每秒 2.6×10^{11} m^3，流至切萨皮克湾后可进一步增大至每秒 7.5×10^{11}～9×10^{11} m^3。①

海流的形成原因有多种，定向风和地球自转力等外力作用，海水因温度和密度变化等自身原因产生的重力作用，都可能导致海流的形成。根据其成因的

① 联合国教科文组织政府间海洋学委员. 全球海洋科学报告［M］. 刘大海，杨红，于莹，译. 北京：海洋出版社，2020.

不同，可分为风海流、密度流、补偿流。根据其自身特性的不同，又可分为沿岸流、大洋环流、寒流、暖流等。

3. 海雾

海雾是海面低层大气中一种水蒸气凝结的天气现象。因它能反射各种波长的光，故常呈乳白色。海雾是航海的克星，也是一种频发的海洋灾害。它会使海上的能见度显著降低，使航行的船只迷失航路，造成搁浅、触礁、碰撞等重大事故。

根据成因的不同，可把海雾分成平流雾、混合雾、辐射雾和地形雾 4 种。

（1）平流雾

平流雾是因空气平流作用在海面上生成的雾。它包括两种：平流冷却雾，又称暖平流雾，有时简称平流雾，是暖气流受海面冷却，其中的水汽凝结而成的雾。这种雾比较浓，雾区范围大，持续时间长，能见度小；平流蒸发雾，它是海水蒸发，使空气中的水汽达到饱和状态而形成的雾，又称冷平流雾或冰洋烟雾。冷空气流到暖海面上，由于低层空气下暖上冷，层结不稳定，故雾区虽大，雾层却不厚，雾也不浓。

（2）混合雾

冷季混合雾，这种雾多出现在冷季。

暖季混合雾，这种雾多产生在暖季。

（3）辐射雾

浮膜辐射雾：它是指漂浮在港湾或岸边的海面上的油污或悬浮物结成薄膜形成的雾。

盐层辐射雾：风浪激起的浪花飞沫经蒸发后留下盐粒，借湍流作用在低空构成含盐的气层，夜间因辐射冷却，就在盐层上面生成了雾。

冰面辐射雾：高纬度冷季时的海面覆冰或巨大冰山面上，因辐射冷却而生成雾。

（4）地形雾

地形雾有岛屿雾与岸滨雾之分，前者是空气爬越岛屿过程中冷却而成的雾；而岸滨雾则产生于海岸附近，夜间随陆风漂移蔓延于海上，白天借海风推动，可飘入海岸陆区。

4. 冰山

冰山是指从冰川或极地冰盖临海一端破裂落入海中漂浮的大块淡水冰。冰山并不是海冰结成的，是“陆上长，海上生”，是由冰川碎裂而成，漂浮或搁浅，形状多变，露出海面高度 5 m 以上。极地除了有海冰以外，海洋上还漂浮着十分壮观的冰山。冰山是一个危险的杀手，它常常出没于高纬度的海区，给过往的船只造成巨大的威胁。

5. 海啸

海啸是一种极具破坏力的波浪，由海底地震或海底火山喷发等海底剧变所引发，常常会引起海水大面积的泛滥。海啸一词用来形容运动速度极快的“水墙”。这种“水墙”高度可达 30 m 或更高，以 800 km/h 的速度运动。通常情况下，海啸可引发一连串的巨型波浪，波浪之间的间隔时间可达 45 分钟。这些波浪在外海深处很难被察觉到，只有在靠近海岸时，高度才会急剧增加。

6. 台风和飓风

一般来说，台风和飓风都会给人类的生产和生活带来不同程度的灾难。盛夏季节，热带海洋上常常产生一种庞大的空气涡旋。它一面强烈地旋转，另一面在海上向前移动或登上陆地，常常带来狂风暴雨，甚至造成大范围的洪涝灾害和局部地区风暴潮、海啸、山崩等严重的自然灾害。

靠近赤道的热带海洋是飓风唯一的出生地。这里有充足的阳光，空气中含有充足的水分，当热带海面上形成巨大的低压区的时候，周围的冷空气就会补充进去，形成巨大空气涡旋。因此，飓风是在海上生成，然后登上陆地。

飓风和龙卷风之间存在很大的差异。龙卷风持续的时间很短暂，属于瞬间爆发。龙卷风最大的特征在于它出现时，往往有一个或数个如同“大象鼻子”样的漏斗状云柱，同时伴随着狂风暴雨、雷电或冰雹。

飓风是一个巨大的空气涡旋，多发生于暖季。其风力达 12 级以上。飓风中心有一个风眼，风眼越小，破坏力越大。

7. 潮汐

潮汐也许是海洋中最容易预报的一种变化。在每一个潮周期中，海面先是上升，然后下降。地球绕着地轴自转时，月球和太阳的引力对地球的牵拉作用是不断变化的，海面的上升和下降与这种变化的联系相当密切。月球引力的牵拉作用最强，所以月亮正下方的海洋无论处于哪个半球，涨潮都是最强烈的。地球自转的离心力作用于正在上涨的海水，会在海面上形成浅水波。这时，沿着海岸，可以看见水位先是上升，继而下降。一个周期内，与其他周期内的潮汐相比，高潮达到最高，低潮达到最低，这就叫“大潮期”。一年中从头至尾，大潮期的出现与满月和新月相对应，两次大潮的间隔一般是两个星期。“小潮”是一个潮周期中出现最低的高潮和最高的低潮，出现在月相的上弦月和下弦月期间。无论如何，因为月亮每天升起的时间总比前一天晚 51 分钟，所以两个潮周期会持续 24 小时 51 分钟，高潮也是每天都比前一天晚 51 分钟。

二、海洋资源概述

（一）海洋资源的概念

海洋资源指的是能在海水中生存的生物、溶解于海水中的化学元素和淡水、海水中所蕴藏的能量，以及海底的矿产资源。这些都是与海水水体本身有着直接关系的物质和能量。海洋资源属于自然资源，既具有资源的特点，也具有自然资源的本质、属性和特征。

海洋资源除了包含上述能量和物质外，还有港湾、四通八达的海洋航线、水产资源的加工、海洋上空的风、海底地热、海洋景观、海洋里的空间乃至海洋的纳污能力等。可以说，海洋资源的范围涵盖海底矿产资源、海洋航运和港口资源、海洋能源、海水及海水化学资源，以及海洋生物资源等。

随着社会需求和科技的发展，人们对海洋资源的开发利用不断地延伸和扩展。目前，海洋资源开发活动中既有传统的又有新兴的。海洋航运、盐业、海洋捕捞业属于传统海洋开发的范畴；新兴海洋开发则主要包括（历史在 100 年以内的）海洋石油天然气开采、海水养殖、海洋空间利用等。许多新兴的海洋开发产业基本上都是 20 世纪 50—60 年代才发展成熟起来的，如海洋石油工业、海底采矿业、海水养殖业等，它们的兴起标志着人类对海洋资源的开发更为全面了。

就活动范围而言，海洋资源的开发逐渐由单项开发发展为立体的综合开发。

就开发领域而言，对海洋的利用扩展到了资源、能源和空间三大方面。

（二）海洋资源的特殊性质

1. 公有性

在国家管辖海域内，所有的自然资源都属于国家所有，因此，海洋资源具有公有性。另外，这种公有性还体现为国际性的特点。近些年来，在国与国之间通常会进行国际合作，共同勘探、调查和开发海洋资源，并且成立协调各国利益的国际海洋开发组织。但是，以海洋资源问题为中心的国际争端仍然长年不休。

2. 流动性和连续性

海洋无时无刻不在流动之中，它具有流动性和连续性，它在水平或垂直方向进行着流动。其他各种水生生物所形成的生态系统会受到水体运动的影响，部分鱼类和其他海洋生物具有洄游的习性，在海水流动之时，这些生物也会不断地游动。在海水中还有许多的矿物，随着海水流动，溶解于其中的矿物就会发生位移，这时候，海水内的污染物也常常在广阔的范围内移动和扩散，从而对海水造成污染。由于这些海洋资源是不断流动着的，对这些海洋资源进行划分和占有变得异常困难。世界上的海洋是一个紧密相连的整体，尽管人类之间有着疆域和属地的划分，但是鱼类却没有，它们会在整个海洋之中进行洄游，因此，不同国家之间的责任义务以及利益分配问题就会受到影响，这是一个难以解决的问题；另外由于海洋环境的污染和破坏，有些海域的水质恶化，生物种群数量下降，生态系统失去平衡，海洋资源的开发面临着巨大的挑战，因为污染物的扩散和移动可能会导致其他地区的经济损失，甚至引发国际社会的问题。

3. 立体性

相较于陆地，海洋的资源分布呈现出立体的特征，其分布范围更加广泛，这一点显而易见。海洋中平均水深约为 100 米的区域内，主要分布着那些可以进行光合作用的植物。不同的深度范围往往有着不同的海洋风光，呈现出立体性的特征，海洋地理范围内还有各种生物、海底矿物，这些资源也呈现出立体分布的形态，可以被多个部门共同利用。此外，污染物质的扩散也呈现出一种立体的形态，具有一定的复杂性。由于海洋的立体性质，各国要明确其所属海洋资源的范围，建立稳固的设施①。

第二节　海洋资源分类

一、海底固体矿产资源

海底矿产资源是指目前处于海洋环境下的除海水资源以外的可加以利用的矿物资源。海底矿产资源的种类繁多，并且随着生产力的发展，可利用矿产种类也将产生变化。

海底矿产资源的分类既可依其存在方式分为未固结矿产和固结矿产，也可依其成因分为由内力作用生成的内生矿产和由外力作用生成的外生矿产两大类。其中，内生成因主要指各种岩浆作用、火山作用、交代作用和变质作用，绝大多数的金属矿床的形成都与此有关；外生成因主要有 3 个，即机械沉积作用、化学沉积作用和生物化学沉积作用。

（一）海洋砂矿

滨海砂矿是指分布于现今海岸低潮线以上、具有工业价值的各种有用矿物。滨海砂矿的形成需要有较好的物源条件（即成矿母岩）。中国具有工业价值的滨海砂矿中的重要矿物，主要来自沿岸出露的岩石——燕山期中酸性岩浆岩，前古生代、早古生代变质岩，以及部分第三纪至第四纪基性喷发岩。这些陆地含矿母岩经风化剥蚀、河流和海水的动力搬运而富集形成砂矿。

（二）海底热液矿床

海底热液矿床是一种海洋矿产。海底热液矿床的形成通常是由于海水沿着断裂带下渗，并将周围蒸发岩、玄武岩中的矿物质溶解，形成含金属的热液。这种热液受地热的影响而溢出至海底，依环境的不同而形成各种类型的海底热液矿床。所形成的矿床既有含高浓度金属的海底热卤水，也有富含金属的沉积

---

① 联合国教科文组织政府间海洋学委员会. 全球海洋科学报告［M］. 北京：海洋出版社，2020.

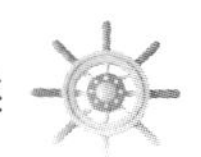

物。另外，热液排出海底前，金属元素可在增生的玄武岩洋壳中沉淀形成浸染状和网脉状金属硫化物、硅酸盐和碳酸盐矿物等。

海底热液矿床主要分布在东太平洋洋隆区（加拉帕戈斯裂谷、哥斯达黎加裂谷、胡安德富卡海脊）、西太平洋弧后盆地地区（马里亚纳海槽、冲绳海槽）、大西洋中脊、印度洋中脊等海区，以及海底断陷扩张带，多位于海底扩展地带。这些地区由于地壳很薄，深部地幔物质沿断裂不断上涌至海底，形成较高的地热场。

（三）海底多金属结核

多金属结核也称锰结核。多金属结核主要呈黑色和黑褐色，其中含铁量高者常呈淡红褐色，而富锰者则为金属墨色。结核中的矿物质呈非晶质或隐晶质。

结核由核心和壳层两大部分物质组成。壳层是主体，它把核心层层包裹起来。结核的核心是很复杂的，可以说，在海洋中几乎所有的质点都可作为核心。

按结核的成因和性质，大致可将核心分为四类：生物核心（如鱼类牙齿、生物骨刺、各种浮游生物和底栖生物的化石等）、岩石核心（包括火山岩和沉积岩的岩屑、火山玻璃、黏土、砂粒等）、矿物核心（包括铁锰氧化物、钙锰矿、硅铝酸盐矿物等）。

世界各个大洋洋底都有结核分布，但是主要集中在 20° N～60° N 之间。通常，结核在洋底呈三种状态，即埋藏型、半埋藏型和露出型。其中，以半埋藏型占主导，其次为露出型，埋藏型相对较少。所谓埋藏型，是指结核全部被表层沉积物掩埋，埋深一般不超过 20 cm；半埋藏型是指一半埋在沉积物之下，一半与水接触；露出型是指结核置于表层沉积物表面，除底面外全部同海水接触。

（四）海底富钴结壳

富钴结壳是一种极为有用的矿产资源。从某种意义上说，富钴结壳甚至比金还有价值。

富钴结壳和多金属结核分布的海域有明显的不同。多金属结核主要分布在水深达 5 000 m 左右的、属国际海域的深海丘陵和深海平原区，而富钴结壳主要生长于水体较浅的、属专属经济区的海山区，其深度一般为 800～2 800 m，而且这种海山往往是由黑色玄武岩组成的，富钴结壳本身也呈黑色，因此把富钴结壳比喻为“黑金山”。

钴含量的高低对采矿的经济技术评价至关重要，因此人们对钴富集的环境控制因素比较感兴趣，但具体是何因素至今仍是悬而未决的问题。例如，生长于玄武岩之上的富钴结壳，其含钴量较高，因此有科学家认为：火山活动为钴的富集提供了有利条件。但是当人们分析热液口排出物（含氯化物和氧化物）时，发现其含钴量并不高。有的科学家认为：玄武岩的冷水蚀变提供了钴的来源，可是这种推测不能解释为什么形成于水体较浅的海山区富钴结壳中钴的含量比形成于海底较深的玄武岩的要高。另有一种假说认为：虽然对压力敏感的矿物（水羟锰矿和钙锰矿）会影响钴的增生，但在所有深度上均有水羟锰矿存在，所以钴的含量不应具有明显的差异。还有一些科学家认为：钴元素含量的高低可能与浮游植物代谢有关。最后，有一些学者认为含氧丰富的水域生成的富钴结壳最好（含钴较高）。总之，富钴结壳中钴的来源和富集的原因还有待进一步探索。

（五）海底磷矿

磷块岩又称为钙磷土，是一种复杂的钙质磷酸盐岩，由碳酸盐—氟磷灰石组成。磷块岩通常含有3.5%～4%的氟和少量铀（0.005%～0.05%）、钒（0.01%～0.03%）以及稀土元素。五氧化二磷的含量变化较大，由百分之几至百分之二十几，很少超过30%[①]。

在海底矿产资源中，磷块岩占有相当重要的位置。它们产于太平洋、大西洋、印度洋的陆架区、大陆坡的上部，以及深海区的海山上。

关于磷块岩的成因，目前存在两种假说。一种假说认为：上升流的含磷海水进入陆架、上部陆坡及海底平顶山区，导致这一海区的浮游生物大量繁殖，其遗体（包括残骸、粪石、骨骼和介壳，等）与陆源碎屑一起沉至海底，在其成岩过程中进一步富集磷。另一种假说认为磷块岩是由沉积物中的细菌缓慢吸收海水中的磷形成的。

① 暨卫东. 中国近海海洋 海洋化学［M］. 北京：海洋出版社，2016.

二、海洋生物资源

地球上的生命起源于海洋，在占地球表面积71%的广袤海洋中，蕴藏着众多的海洋生物资源。据估计，全球海洋每年的净初级生产量约为 5×10^{15}～6×10^{15} t，按营养阶层转换后，能供人类食用的鱼、虾、贝、藻的重量可达 6×10^{4} t。海洋生物还能为畜牧养殖业、工业和医药产业提供大量宝贵的原材料。海洋生物遗传基因资源是能够产生生理活性物质的生物资源。此外，海洋生物还具有重要的生态价值。海洋生物资源为人类文明的发展作出了巨大贡献①。

海洋生物资源不同于其他海洋资源的显著特征之一是，它既是可再生或可更新的，又是可耗竭的。海洋生物资源的再生在生态学上称为生物生产，生物生产过程远比海洋能等亚恒定性可再生资源复杂。

（一）海洋微生物资源

我们知道，海洋微生物种类繁多，其代谢产物的多样性也是陆生微生物无法望其项背的。但能进行人工培养的海洋微生物只有几千种，还未超过总数的1%。目前为止，以分离其代谢产物为目的而被分离培养的海洋微生物少之又少。由于微生物可以经发酵工程大量获得发酵产物，从而使药源获得了良好的保障。此外，海洋共生微生物有可能是其宿主中天然活性物质的真正产生者，具有较大的研究意义。

（二）罕见海洋生物资源

部分分布在深海、极地以及人烟稀少的海岛上的海洋动植物，含有某些特殊的化学成分和功能基因。在 6 000 米以下海洋深处，曾发现具有特殊的生理功能的大型海洋蠕虫，在水温高达 90 ℃的海水中仍有细菌存活，这给生物的研究提供了一个新的参考。

（三）海洋生物基因资源

在自然界，海洋生物活性代谢产物是由单个基因或基因组编码、调控和表

① 联合国教科文组织政府间海洋学委员会．全球海洋科学报告［M］．北京：海洋出版社，2020.

达获取的。获得了这些基因就代表着可以获得这些化合物。海洋药用基因资源的研究将大大有利于新的海洋药物的研究和开发。

海洋生物基因资源细分为以下两种：

1. 海洋动植物基因资源

包括活性物质的功能基因，如活性肽、活性蛋白就属此类，等。

2. 海洋微生物基因资源

包括海洋环境微生物基因及海洋共生微生物基因。

（四）海洋天然产物资源

人类对海洋天然产物的研究已有数十年的历史，并从中积累了相当丰富的研究资料，为海洋药物的开发提供了较充足的科学依据，它的意义十分重大：对已经发现的上万种海洋天然产物，采用多靶点的方式进行筛选，发现新的活性；对已经发现的海洋天然产物进行一些修饰改造，如结构修饰或结构改造；使用组合化学或生物合成技术，衍生更多的新型化合物，从中筛选出新的活性成分。

三、海水及水化学资源

（一）海洋水资源与环境

1. 海水水资源利用的意义

随着社会经济的高速发展和人口的急剧增加，世界各类用水量的增加超过了地球的供应能力，致使许多地区出现了用水危机，成为仅次于气候变暖的世界第二大环境问题。

水危机的出现，引起了全球的关注，有关专家在国际会议上不断发出警告，但全世界用水量的增加却随人类社会的发展保持上升趋势，水危机不断加重。

实现水资源的可持续利用，是保障人类社会持续发展、维持人类健康的生存环境的前提。在地球上淡水资源供应基本保持不变的前提下，面对淡水越来越多的需求量，如何提高水资源利用率，如何通过多种途径获得淡水资源或取代部分淡水利用，是一个必须面对的问题。对此，人们提出了例如雨水的高效应用、污水处理再回用、直接利用海水和从海水中获取淡水等举措。

海洋是一个巨大的水源库，海水取之不尽，用之不竭。所以，海洋水资源综合利用是解决目前世界水源不足问题的重要途径，海水淡化是解决世界特别是沿海地区淡水不足问题的重要途径。

2. 海水直接利用

就目前的技术水平来看，海水直接利用有三个主要领域：工业用水、大生活用水、灌溉用水。

海水直接作为用工业用水，尤其是工业冷却水利用，其社会效益和经济效益已为人们普遍认知，沿海国家越来越重视海水直接利用。目前，许多沿海国家的工业用水中的40%～50%是海水，主要用作工业冷却水。其使用的规模和用途还在不断扩大。

生活中的洗刷、卫生、消防和游泳池用水等，可称为大生活用水，可直接利用海水。目前，海水取水、输送、防腐、防生物附着等技术已经成熟，技术已不是海水直接利用的重要限制性因素，但是适合大生活海水直接利用的城市管道改造是一项大工程，直接影响大生活海水直接利用的推广和发展，必须依靠国家政策的倾斜推进该项事业。

海水灌溉技术的开发可以解决沿海地区淡水紧缺的问题，又可充分利用沿海地区大量盐碱地。

3. 海水淡化利用

海水淡化又称海水脱盐，即将海水脱去盐分，变为符合生产生活使用标准的淡水。从海水中取出淡水，或除去其中溶存的盐类，都可以达到海水淡化的目的。依照原理的不同，可以将现有的海水淡化方法区分为相变化法、膜分离法和化学平衡法。

（二）海洋水化学资源

海水化学元素资源是指海水中含有的大量化学元素，其中卤族元素含量最为丰富。目前，已被广泛利用的海水化学元素资源主要有卤族元素溴、碘，碱金属元素钾、镁，放射性元素铀和重水。各种海水化学资源在生产过程中，经常使用酸碱等大量化工产品，产生大量的废水、废气，会对环境造成影响。

1. 溴（Bromine，元素符号为 Br）

溴元素在海水中的浓度较高，可列第 9 位，平均浓度大约为 0.067 g/kg。

海水中溴的总含量为 9.5×10 t，地球上99%以上的溴溶于海水中，故而把溴称为“海洋元素”。

溴是一种赤褐色的液体，具有刺激性的臭味。溴被广泛用于医药、农业、工业和国防等方面。目前世界溴的年生产水平为 $3 \times 10^5 \sim 4 \times 10^5$ t，海水提溴占1/3左右。我国溴的产量较低。目前，世界上的溴主要是从海水中直接提取的，基本上均采用吹出法。吹出法就是用氯气氧化海水中的溴离子（Br^-），使其变成单质溴（Br_2），然后通入空气和水蒸气，将溴吹出并加以吸收。其生产过程包括氯化、吹出、吸收等步骤。

2. 碘（Iodine，元素符号为I）

在所有的天然存在的卤素中，碘最为稀缺。虽然在大气圈、水圈和岩石圈中，均发现有碘的存在和分布，但其丰度却很低，属于痕量级元素。碘是工业、农业和医药保健等领域的重要原料。在人工降雨的火箭添加剂中，也是不可缺少的要素。近些年来，由于碘作为食品添加剂、消毒剂、合成试剂和催化剂、X射线透视响应剂，在感光材料等的制备以及在尖端技术等方面的广泛用途，其需用量日益增加。目前，世界上除了日本、智利等国外，大多数国家所生产的碘均不能满足本国的需要。

3. 钾（Potassium，元素符号为K）

钾在地壳中的丰度为2.47%，属于分布很广的元素。在海洋水体中，钾平均含量约0.39 g/kg，仅次于钠、镁、钙，居金属元素的第4位。钾是动、植物生命过程中不可缺少的元素，能够维持细胞内的渗透压和调节酸碱平衡，参与细胞内糖和蛋白质的代谢，维持神经肌肉的兴奋性，参与静息电位的形成，在生命活动过程中起着重要作用。钾肥能增强植物的抗旱、抗寒、抗倒伏、抗病虫害等能力，并能提高产量，对农业生产具有十分重要的意义。

钾在工业、医药方面也有广泛的用途。钾可用于制造钾玻璃，亦称为硬玻璃，其特点是一般没有颜色，比钠玻璃难熔化，不易受化学药品的腐蚀，常用于制造化学仪器和装饰品等。钾亦可以制造软皂、用于医药等方面的洗涤剂或消毒剂与汽车和飞机的清洁剂。此外，钾铝矾（即明矾）可以用作净水剂和媒染剂，钾铬矾又可以用作鞣剂。

钾盐的主要来源是古海洋遗留下的可溶性钾矿，目前已经探明的可溶性钾矿储量分布很不均匀，其中加拿大、俄罗斯两国拥有的钾矿几乎占世界钾盐储

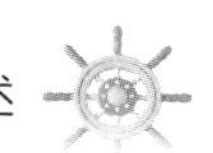

量的 90%，德国和美国储量也较丰富。中国是钾资源缺乏的国家。钾在海水中的含量丰富，在海洋水体中钾的总蕴藏量达 5.5×10^{14} t 以上，远远超过钾矿物的储量。因此，许多国家都致力于从海水中提取钾。从海水中提取钾实际上是从海水中提取氯化钾。采用的方法有蒸发结晶法、化学沉淀法和溶剂萃取法。

4. 镁（Magnesium，元素符号为 Mg）

镁是 10 种常用有色金属之一，其蕴藏量丰富，地壳中的含量为 2.1%～2.7%，在所有元素中排第 8 位，是仅次于铝、铁、钙居第 4 位的金属元素。

镁也是动、植物生命过程中不可缺少的元素，镁可以活化各种磷酸变位酶和磷酸激酶，在光合作用和呼吸过程中具有重要意义。

镁在国防、工业上用途广泛，镁合金可用来制造飞机、快艇，可以制成照明弹、镁光灯，还可以用作火箭的燃料。日常用的压力锅及某些铝制品中也含有镁。镁还是冶炼某些珍贵的稀有金属（如铁）的还原材料。镁的化合物中需要量最大的是氧化镁，含氧化镁 80%～88%的镁砖就是碱性耐火材料。

镁在海水中的含量很高，其浓度为 0.129%，仅次于氯和钠，居第三位。世界上镁的来源主要就是海水镁资源，海水中含镁总量达 1.8×10^{15} t。

5. 铀（Uranium，元素符号为 U）

铀元素在自然界的分布相当广泛，地壳中铀的平均含量约为 1.7～4.5×10^{-6} g/g，陆地上铀的富矿很少，只有沥青铀矿和钒钾铀矿等几种，目前已探明的具有开采价值的铀工业储量仅 2×10^{6} t 左右，加上已知的低品位铀矿和其副产铀矿资源总量不超过 4×10^{6} t。

海水中铀总量巨大，海水中含铀的平均浓度仅 3.3 μg/L，一般多稳定在 2.7～3.4 μg/L 的范围内，在海洋溶存的金属元素中，其丰度占第 15 位，其总储量高达 4.5×10^{9} t，相当于陆地总含量的 1 000 倍。因此，海水被称为“核燃料仓库”，从海水中提取铀将成为世人关注的目标。海洋中铀的来源可归结为降雨、河川流入、尘埃，以及大洋底部的岩石风化等几个方面。随着原子能事业的迅速发展，对核燃料——铀的需求与日俱增。陆地铀资源远远不能满足要求，从海水中提取铀是解决资源与需求矛盾的重要途径，对一些贫铀及能源贫乏的沿海国家和地区，具有重要意义。从海水中提取铀的方法有吸附法、溶剂萃取法、起泡分离法和生物富集法等。

6. 锂（Lithium，元素符号为 Li）

锂在地壳中含量约有 0.006 5%，其丰度居第 17 位。已知含锂的矿物有 150 多种，其中主要有锂辉石、锂云母、透锂长石等。我国的锂矿资源较为丰富。海水中锂的含量 15～20 mg/L，总储量达 2.6×10^{11} t。

锂是理想的电池原料，被誉为能源金属，同位素锂-6 与氘反应合成氦，同时每摩尔锂-6 放出 22.4 MeV 的能量，是制造氢弹的重要原料。锂在材料、化工、玻璃、电子、陶瓷等领域亦有广泛应用。世界对锂的需求量年增长 7%～11%。美国每年从海水中生产锂 1.4×10^{4} t，我国目前用卤水生产锂占其总产量的 30%～40%。

7. 重水

普通的氢原子量为 1，它有两种稳定性的同位素：一种为氘（2H 或 D）；另一种为氚（3H 或 T）。氘原子核有一个质子和一个中子，原子质量比氢大 1 倍，原子量为 2，故称重氢。自然界中，只有天然氢的 0.014 7%。重氢和氧的化合物就是重水（D_2O）。海水中含有 2×10^{14} t 的重水。由于重水和半重水的蒸气压比水低，赤道地区的表层水中有富集重水的倾向。重水可作为一种巨大的能源，可用作原子能反应堆的减速剂和传热介质，也是制造氢弹的原料（重氢的核聚变反应可以释放出巨大的能量）。现在较大规模地生产重水的方法有蒸馏法、电解法、化学交换法和吸附法等[①]。

四、海洋油气资源

（一）海洋油气资源的分布

世界上绝大部分石油和天然气是有机物质在适当环境下生成的。油气资源是储存在油气藏中的。油气藏的形成通常要经过油气的形成、油气的运移、油气的聚集等过程。只有聚集在油气藏中的油气才是可能被发现并被利用的油气资源。

具有巨大油气资源潜力的中国南海和中国东海经勘探表明，在已圈定的几百个局部构造中已发现近 40 个油气田，找到了油气富集带，其中莺歌海的崖

① 暨卫东. 中国近海海洋 海洋化学［M］. 北京：海洋出版社，2016.

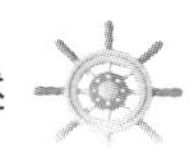

13-1 和东方 1-1 气田，气源主要来自崖城组含煤层系。渤海渤中海域和辽东湾也发现了一批大油田。

（二）海底天然气水合物

海底气体水合物主要产于新生代地层中，其中又以新第三系的上新系统为主。矿层厚度达数十厘米、数米至上百米，分布面积可达数万平方千米。水合物储集层为粉砂质泥岩、泥质粉砂岩、粉砂岩、砂岩及砂砾岩，储集层中的水合物含量可达 95%。水合物广泛分布于边缘海和内陆海的陆坡、岛坡、水下高原，尤其是那些与泥火山、热水活动、盐（泥）底辟及大型构造断裂有关的海盆中。具有这类条件的海域约占海洋总面积的 1/10，相当于 4×10^7 km^2[①]。

五、海洋能源

（一）潮汐能

海水的自然涨落有着十分固定的周期。海水这种周期性的自然涨落现象，就是潮汐。潮汐是月亮、太阳的引力对地球海洋水体的作用造成的。潮汐的周期由月球围绕地球的公转和其自转的规律决定，一般接近 12 点半，也就是一日二潮（半日潮）。潮汐发电的高峰和低谷和人们习惯的太阳日不相一致，每天向后顺延。另外，在一个月内通常出现两次天文大潮。多数情况下，潮涨潮落的更迭有非常精确的时间性。由于起作用的因子很多，所以潮汐的高度因地区不同而有所差异。在潮汐中蕴藏着极大的动能——潮汐能。海洋潮汐能每年可以提供上万亿度的电能。潮汐能绝大部分集中在沿海，易于开发利用。

（二）海洋波浪能

波浪能是一种密度低、不稳定、无污染、可再生、储量大、分布广、利用难的能源，各国都在积极研究波浪能开发和利用装置。目前，世界各地出现了形形色色的海洋波浪能利用装置，其种类是各种海洋能开发装置中最多的。波浪能开发装置主要是波浪能发电装置。波浪能发电装置的原理是：通过波浪能

---

① 联合国教科文组织政府间海洋学委员会. 全球海洋科学报告［M］. 北京：海洋出版社，2020.

吸收装置吸收波浪能；通过波浪能转换装置将波浪能吸收装置吸收的波浪能放大并转换成机械能；通过原动机/发电机系统将波浪能转换装置转换得到的机械能转化成电能，并输出电能，即波浪能—机械能—电能。

波浪的运动形式是比较复杂的，主要有以下三种：海水表面的垂直方向的振荡运动；水体中水质点的圆周运动或椭圆形轨迹的运动；在浅水区域波浪水质点的往复运动。

（三）海流能与潮流能

在广袤无垠的海洋中，有一部分海水常常沿着特定的方向流动。它们默默地在海洋中奔腾不息，有着一定的深度、长度和宽度，同时还有相应的流速，这就是海流。通常情况下，海流十分长，它要比一般的河流长得多，可达几千千米，甚至比黄河、长江还要长得多得多。在海洋表面上，海流的速度往往比较快，而随着深度增加，海流的速度也会变得越来越慢。

海流的形成主要源于风力和海水密度的差异。因此会形成两种不同的海流，即风海流与密度流。所谓风海流，就是指海面在定向风的吹拂下，形成的一股水流。所谓密度流，就是指由海水密度的差异所引起的海流现象。风海流与密度流同属于一种流体运动形式，这两种海洋流动的能量均源于太阳所释放的辐射能量。因此，利用海洋里各种水体之间存在的相互联系，就可把它们转化为电能来进行开发利用。海流流动中所蕴含的冲击力和潜能不可小觑，其中蕴含着巨大的动能，因此也可以将其用于发电。据推算，在所有海洋能之中，蕴藏量最大的便是海洋中的海流具有的动能。

海流与河流都蕴藏着巨大的能量，可以用来发电，但是相较于陆地上的河流，海流发电具有更高的优越性，因为它十分可靠，可以在不受洪水威胁和枯水季节影响的情况下，以恒定的水量和特定的流速流动，来为人们提供能源。

利用海流所带来的冲击力，使驱动水轮机旋转起来，然后再将其转换为高速，从而将发电机带动起来并产生电能，这就是运用海流进行发电的原理。当前，多数海流发电站座落于海面上。比如，有一种被称为“花环式”的海流发电站，它就是坐落于海洋表面之上。这个海流发电站由浮筒、螺旋桨、发电机等组成，浮筒漂浮在海面上，里面装有发电机，螺旋桨的两端就固定在浮筒上。之所以被称为“花环”，是因为当海流流动之时，电站随之漂浮流动起来，远

远看去，电站迎着汹涌的海流漂浮，宛如一朵献给尊贵客人的华美花环。这类发电站之所以采用一串螺旋桨的组合，主要是因为海流的流速较低，导致单位体积内的能量相对较少。通常情况下，其发电能力较为有限，仅能为灯塔和灯船提供电力，或者是为潜水艇上的蓄电池提供充电服务。

（四）海洋温差能

在海水中，以表、深层的温、冷海水的温度差形式所储存的热能称作温差能，它是海洋热能中最大的部分。海水温度增高的原因很多，包括地球内部的地热、海水中放射物质的发热、太阳以外的天体的辐射热以及太阳辐射热等。这些热辐射只需 1 分钟左右就把 1 cm 厚的海水升温 1 ℃。太阳辐射热是海水温度增高的主要原因。

应用热力学原理，以表、深层的温、冷海水为热源、冷源，将温差能转换成电能的方式称为温差发电。海水温差发电又称海洋热能转换技术。在热带海域设置电站，利用海水温差发电较为方便。

在一个闭式循环海水温差发电装置中，为实现热能向机械能和电能的转换，必须具有一些主要设备：温海水与冷海水的循环系统（温水取水泵、取水管，冷水取水泵、取水管等）、热交换器（蒸发器与冷凝器）、汽轮发电机组和工质循环系统（工质泵、管道等）。除了这些主要设备，还需要大量辅助与控制设备，如各种泵、阀门、管道、过滤器、冷却器、起重设备、维修保养设备、贮存设备以及电气控制、电气保护系统和输配电系统。对于离岸式的海水温差发电装置，还需有一个大型浮体，包括浮体的锚泊系统、定位系统、浮力控制系统、防波设施等。如采用船体，则可分普通船型、半潜式和潜水式三种。该系统由于工作介质的压力比开式循环水的压力高得多，故汽轮机与管道等的尺寸可相应地缩小，在系统中也需保持真空，这就避免了开式循环发电存在的主要弱点。

（五）海洋盐度差能

1. 盐度差能

两种浓度不同的溶液间渗透产生的势能就是盐度差能，海水和淡水之间的盐度差能属于其中的一种。盐度差能是通过半透膜以渗透压的形式表现出来。

将海水和淡水间产生的盐度差能转换成电能的方式，称为盐度差发电。

海洋每年蒸发的水分，数量是很大的。海洋蒸发的水分，约有 1/10 是经由江河返回海洋的。与其他类型的海洋能相比，盐度差能是一种高度集中的能量。这是盐度差能的重要特点，也是开发利用盐度差能的有利条件。和其他类型的海洋能一样，盐度差能的储量也很大，可再生，不污染环境。因此，近年来人们注意到开发、利用盐度差能的问题，并积极开展起有关的实验研究。

2. 盐度差能开发原理

海洋中各处的盐度是不同的，随温度与深度而变。在港湾河口处，由于河水进入海洋与海水相混，盐度变化最为明显。当江河的淡水与海洋的海水汇合时，由于两者所含盐分不同，在其接触面上会产生巨大的能量。

盐度差发电也可称为渗透压发电。所需的水头，不像水电站通过采用拦河大坝，堵塞水流通路而形成，而是通过在海水与河水之间设置的半透膜产生的渗透压形成的。

六、海洋空间资源

随着对海岸环境保护、观光旅游、水产养殖等多方面需求的综合考虑，人们对于海岸和港口开发的理念将经历一次深刻的转变。未来的人类社会，将是一个以开发利用海洋为特征的全新时代。除了传统的港口和海洋运输，现代海洋空间的利用正朝着发电站、海底隧道、海上机场、海洋公园、人工海上城市和海底储存的方向不断发展。这些新技术、新工艺对人类社会经济活动将会巨大影响，也为海洋工程指明了前进的方向。目前，人们正在进行各种规模庞大的海底工程、超大型浮式海洋结构和人工岛等的建造或设计，预计在 21 世纪中期，将会涌现出真正的海上人工城市。

七、海洋旅游资源

人类的海洋旅游活动往往以海洋旅游资源为主要目标对象。海洋旅游业就是开发利用这些海洋旅游资源来满足旅游者需要并实现其目的的产业。所有被人类海洋旅游活动所聚焦的目标或吸引物，皆可归类为海洋旅游资源，这些海洋旅游资源具有各自独特的特点和功能。海洋的空间内涵十分丰富，根据海洋空间环境的不同，海洋旅游活动可分为五种形式，包括海岸带、海岛、远海、

深海和海洋专题旅游。随着人类对海洋的不断深入探索，海洋旅游资源的内容与范围也将得到进一步的丰富与拓展。

第三节　海洋环境及生态系统构成

一、海洋环境及其影响因素

（一）海洋环境的基本概念

对海洋环境进行划分的依据不同，类型也就不同，划分的目的在于实现海洋研究工作的统一，实际上它们之间的界限并非十分清晰。大陆架的环境适合多种鱼类生长，是近岸主要的渔业区域。深度超过 4 000 m 时，属于深海平原区域。依据海洋环境的主权划分，任何国家都可在公海内行动，各国在公海内享有平等的权利，不受约束。

随着社会生产力的发展，人类对海洋的开发利用大多经历了由近岸、近海到远海，由内海、边缘海到大洋的发展过程。

我国海洋资源的开发利用主要集中于近岸海域，如养殖、滨海旅游、港口建设、挖砂、填海造地等，对近海和远海海域的利用大多为非专项的捕捞、航运等。由于增大了对海洋的开发深度、广度，在近海、远海的建设项目，如海上工程、油气勘探开采、水产牧放增殖等，已有增多趋势。

近海带的水平距离因海底倾斜缓急程度的不同而具有明显差异。如中国海的渤海、黄海和东海海域的大部分浅海区一般都在 200 m 等深线以内，所以面积相当广阔。美国的东北部海域，海底坡度很小，大陆架很宽，因此，浅海区的范围比较大。有些海域，如日本的东海岸和南美西海岸离岸不远水深就超过 200 m，甚至达到数千米，这种情况浅海区的范围就相当小。

近海带海水的盐度变化幅度较大，一般低于大洋，有时可能很低（如波罗的海和亚速海）。环境的理化因素具有季节性和突然性的变化。由于受大陆径流的影响，海水中的营养元素和有机物质很丰富。环境的这些特点使得近海带的生物种类十分丰富，浮游植物（主要是硅藻）的产量很大。有许多生活在近海带的生物属于广温性和广盐性的种类。与大洋区水域比较，近海带是底层鱼类的主要栖息索饵场所和一些经济鱼类的重要产卵场，所以不少浅海海域是许多重要经济鱼类的渔场。

大洋区海水所含的大陆性的碎屑很少甚至完全没有，因而透明度大，并呈现深蓝色。海水的化学成分比较稳定，盐度普遍较高，营养成分较沿岸浅海为低，因此生物种类较少，种群密度较低。大洋的理化性质在空间和时间上的变化不大，在深海水层的下部环境条件终年相对稳定，只有少量深海动物生活其中。

大洋区可以分为上层、中层、深层、深渊层和超深渊层。上层的上限是水表面，下限是在 200 m 左右的深度。上层亦称有光带，即太阳辐射透入该水层的光能量可以满足浮游植物光合作用的需求。中层的下限是在 1 000 m 左右的深度。中层水域仍有光线透入，但数量相对较少，满足不了浮游植物光合作用的需求。深层的下限是在 4 000 m 左右，以下为深渊层，深渊层的下限为 6 000 m，深渊层以下为超深渊层。深层和深渊层统称无光带，或称黑暗带。由于各种环境因子的干扰，大洋区上层的下限，即有光带下限的深度在不同海域是不尽一致的。

（二）海洋环境的影响因素

1. 海洋环境的人为影响因素

（1）筑堤建坝与海岸侵蚀

海岸泥沙的不断补充供给是沉积海岸地貌和保持海岸稳定的必要物质基础，海岸泥沙来源的减少或破坏均会使原本极为脆弱的海岸受到威胁和破坏，尤其是在河流上和港湾内筑堤建坝，致使补充海岸的泥沙数量急剧减少，水体交换能力减弱，从而导致海岸的侵蚀与破坏、生态环境改变、功能作用降低和生产力下降。

（2）滩涂围垦

滩涂和港湾围垦利用有着悠久历史，其主要目的就是围垦造地，缓解农业、工业、地产业的土地紧张状况。通过围垦还可以建设盐田和海水养殖池塘，甚至有人认为通过围垦，还可以把岸线整治好，为港口建设提供岸线资源。特别是沿海地区经济的快速发展，对土地需求日益加大，滩涂围垦的强度空前加大。

基于此，有些地方不顾海洋环境的完整性和有限性，把滩涂围垦看作是缓解土地紧张的有效途径，是造福于民的“德政工程”，实行“谁投资、谁受益”的原则，甚至制定奖励制度，鼓励围垦。但利用滩涂围垦造田，由于沿海淡水严重缺乏，围垦后的滩涂都是盐碱地。现在围垦土地大多用于工业、房地产业用地。

海洋生态环境是海洋生物生存和发展的基本条件，沿海自然港湾和潮间带滩涂历来是生物资源丰富的地方。由于随意围垦导致的生境丧失，影响了海洋生态系统的完整性，对海洋生态系统造成了毁灭性的破坏，滩涂围垦甚至是一些海区发生荒漠化的元凶之一。

（3）海洋污染

海洋污染能够导致海水富营养化，赤潮频发，海洋生物质量降低，物种消失，海洋初级生产力下降，影响到海洋生态系统持续发展。海洋污染主要由下列几方面因素造成。

① 工业废水排放

伴随经济的快速发展，工业生产给环境造成的压力空前加大，工业废水通过河流、沟渠、管道最终进入大海。近年来我国总体环境污染状况并没有得到明显改变，有些地区呈现加重的趋势。同时，沿海电厂、核电站的冷却废水造成的热污染也给部分地区的局部海区带来了影响。

② 农业活动的污染

我国是个农业大国，农药、化肥的品种、质量不良和施用方式相当落后，其中约60%的农药、化肥是以污染物的形式流失于土壤和水环境中，构成了以氮、磷污染为主要特征的面源水质污染。

③ 生活污水排放

由于城市生活污水的实际处理率和处理水平极低，生活污水的无序排放和污染分担率上升较快，这些污染物最终也汇入海洋，近期内尚无法整体好转。

④ 船舶污染

在船舶航行、作业、遭遇海上事故等过程中，各类有害物质进入海洋，使海洋生态环境遭到破坏。

⑤ 石油开发污染

在海洋石油勘探开发过程中，有的钻井船和采油平台，人为地将大量的废弃物和含油污水不断地排入海洋，对海洋环境造成污染，在不同的程度上对我国近海海域的自然环境造成了一定的损害。

⑥ 大气来源污染

陆地污染物、工业废气、生活废气进入大气，然后通过自然沉降或通过降雨进入海洋，对海洋生态环境造成污染。通过这种途径进入海洋的污染物质比较复杂，污染物质种类具有地区性差异。

（4）海洋资源利用

海洋盐业、海水养殖、石油开发、渔业捕捞、红树林砍伐、近海采砂等海洋资源利用开发活动都会对海洋生态环境造成影响。盐田均建在潮上带，这个区域一般是滩涂湿地的一部分，盐田的建设使这部分生境丧失。

海水养殖对海洋生态环境的影响越来越受到关注。海水养殖，特别是鱼类和虾类的养殖，大都是采用的人工饵料。据研究，即使管理最好的养虾场，也有 30%的饵料未被摄食，残饵产生的氮、磷营养物质是虾池及其邻近浅海的主要污染源，加剧了海水的富营养化。

海洋石油开发活动产生的各种废弃物、原油泄漏等同样会给海洋生态环境造成威胁。

强烈的渔业捕捞生产会极大损害海洋生物多样性，最终影响到海洋生态系统结构和功能的实现。

红树林是生长在热带海岸潮间带的木本植物，其生长区内有丰富的物种多样性，生物资源丰富，对全球碳、氮等物质循环具有重要意义，同时又能有效地防止海岸侵蚀。因此，红树林区有“海洋立体天然牧场”和搏击风浪的“海岸卫士”之称。目前我国红树林已遭到严重破坏，不但直接损害了海洋生物资源，而且带来了海岸侵蚀等灾害。从全球变化的观点分析，世界红树林的大规模破坏给全球气候和碳、氮循环等带来重大影响。

我国海岸带有丰富的砂矿资源，其中包括大量的建筑用沙。不合理的开发，会改变海区地貌，改变海流的流速和流向，造成海岸侵蚀。

（5）河流水利工程和流域土地利用方式

河流水利工程减少了河流入海水量，无法满足河口的生态需水量，导致河口海域生态环境改变。

2. 气候变化对海洋环境的影响

1860 年以来，全球平均气温升高了 0.6 ℃。许多有力的证据表明，21 世纪全球将显著变暖。近百年的气候变化已给全球包括中国的自然生态系统和社会经济带来重要影响。由于温室效应等原因导致的全球气候变暖不仅对陆地生态系统造成了巨大影响，对海洋生态环境同样也产生了巨大生态效应。最明显的例子是两极冰雪消融，地球上冰川覆盖的面积正在减小。同时，全球变暖将造成海洋混合层水温上升，升温造成的热膨胀能显著地导致海平面的上升。这两种效应最终都导致海平面上涨。

海洋孕育了生命，造就了人类文明。我们既要充分利用海洋丰富的天然资源，开发海洋，为人类造福，又要尊重自然，尊重海洋，做到人与海洋自然环境和谐相处。毫无节制地向海洋索取、掠夺，一方面对海洋环境造成破坏性的灾难，另一方面也招致海洋对人类的报复与惩罚。人与自然的关系应理解为：人类都只是自然的子孙，而不是自然的主人。如果不是这样理解人与自然的关系，那就必然在破坏海洋自然环境的同时毁灭人类自己。

二、海洋生态系统

（一）海洋生态系统基本构成

1. 生产者

主要指那些具有绿色素的自养植物，包括生活在真光层的浮游藻类、浅海区的底栖藻类和海洋种子植物。浮游植物最能适应海洋环境，它们直接从海水中摄取无机营养物质；有不下沉或减缓下沉的功能，可停留在真光层内进行光合作用；有快速的繁殖能力和很低的代谢消耗，以保证种群的数量和生存。这是由于它们具有小的体型和对悬浮的适应性。

海洋中的自养性细菌，包括利用光能和化学能的许多种类，也是生产者。如在加拉帕戈斯群岛附近海域等处发现的海底热泉周围的一些动物，由寄生或共生体内的硫磺细菌提供有机物质和能源。硫磺细菌从海底热泉喷出的硫化氢等物质中摄取能量把无机物质转化为有机物质。此处所构成的独特的生态系，完全以化学能替代日光能而存在。

2. 消费者

主要是一些异养的动物。以营养层次划分，可分为一级、二级、三级消费者等。

（1）初级消费者

又称一级消费者，即植食性动物。如同大多数初级生产者一样，大多数初级消费者的体型也不大，而且也多是营浮游生活的。这些浮游动物多数属于小型浮游生物，体型都在 1 毫米左右或以下，如一些小型甲壳动物、小型被囊动物和一些海洋动物的幼体。有一些初级消费者属于微型浮游生物，如一些很小的原生动物。初级消费者与初级生产者同居在上层海水中，它们之间有较高的转换效率，一般初级消费者和初级生产者的生物量往往属于同一数量级。这是与陆地生态系很不同的一个特点。

（2）次级消费者

包括二级、三级消费者等，即肉食性动物。它们包含有较多的营养层次。较低层的次级消费者一般体型仍很小，约为数毫米至数厘米，大多营浮游生活，属大型浮游生物或巨型浮游生物。不过，它们的分布已不限于上层海水，许多种类可以栖息在较深处，并且往往具有昼夜垂直移动的习性，如一些较大型的甲壳动物、箭虫、水母和栉水母等。较高层的次级消费者，如鱼类，则具有较强的游泳动力，属于另一生态群——游泳动物。游泳动物的垂直分布范围更广，从表层到最深海都有一些种类生活。

在海洋次级消费者中，还包括一些杂食性浮游动物（兼食浮游植物和小浮游动物），它们有调节初级生产者和初级消费者数量变动的作用。

（3）有机碎屑物质

海洋中有机碎屑物质的量很大，一般要比浮游植物现存量多一位数字，所起的作用也很大。这是海洋生态系不同于陆地生态系的又一个重要特点。它们来源于生物体死亡后被细菌分解过程中的中间产物（最后阶段是无机化），未完全被摄食和消化的食物残余，浮游植物在光合作用过程中产生的分泌在细胞外的低分子有机物，以及陆地生态系输入的颗粒性有机物。另外，海洋中还有比颗粒有机物多好几倍的有机溶解物，以及其聚集物。它们在水层中和底部都可以作为食物，直接为动物所利用。在海洋生态系统中，除了一个以初级生产者为起点的植食食物链和食物网以外，还存在一个以有机碎屑为起点的碎屑食

物链和食物网。许多的研究结果表明，后者的作用不亚于前者。因此，在海洋生态系统的结构和功能分析中，应当把有机碎屑物质作为一个重要组分，它们是联结生物和非生物之间的一项要素。

3. 分解者

包括海洋中异养的细菌和真菌。它们能分解生物尸体内的各种复杂物质，成为可供生产者和消费者吸收、利用的有机物和无机物。因而，它们在海洋有机和无机营养再生产的过程中起着一定的作用（如海洋细菌）。而且，它们本身也是许多动物的直接食物。以细菌为基础的食物链为第三类食物链，称为腐食食物链。

（二）海洋生态系统常见类型

1. 红树林生态系统

红树林生态系统一般包括红树林、滩涂和基围鱼塘三部分。一般由藻类、红树植物和半红树植物、伴生植物、动物、微生物等因子以及阳光、水分、土壤等非生物因子所构成。

分解者种类和数量均较少，且以厌氧微生物为主，有机体残体分解不完全。消费者主要是喜湿鸟类尤其是水鸟和鱼类，底栖无脊椎动物、昆虫，两栖动物、爬行动物亦较常见，哺乳动物种类和数量较少。

2. 海草床生态系统

海草是地球上唯一一类可完全生活在海水中的高等被子植物，经过大面积聚集生长便形成了海草床。海草构筑的海草床是三大典型近海海洋生态系统（红树林、珊瑚礁、海草床）之一和三大蓝碳生态系统（红树林、海草床、盐沼）之一，也是地球上最有效的碳捕获和封存系统之一。

海草床能够形成完整的生态系统，能够促进生态稳定性和生物多样性，对维持海洋环境和海洋生态系统起着非常重要的作用。例如，大量的幼鱼幼虾将海草床作为索饵场和避难场所，幼鱼幼虾是海洋中肉食性鱼类的食物，海草床的存在，有利于维持海洋生物群体的健康平衡。

3. 珊瑚礁生态系统

珊瑚通常在温暖的浅水区域生长，它们与微型藻类共生，互相依赖、协作生长，并形成了一个庞大的珊瑚礁生态系统。珊瑚礁是由数百万个微小的珊瑚虫形成的大型碳酸盐结构，它为数十万乃至数百万其他物种提供基础生存框架和家园。珊瑚礁是地球上最大的生物结构，也是唯一能够从太空中看到的生物结构。热带和温带珊瑚礁以一种连接自然和人类系统的方式，支持着人类长期的生存和发展，保护着海洋生物的多样性。珊瑚礁上丰富而多样的生命提供了几十亿人所依赖的生态系统服务，不仅提供了栖息地和庇护所，还提供了丰富的资源供人类利用，如海鲜和旅游业。

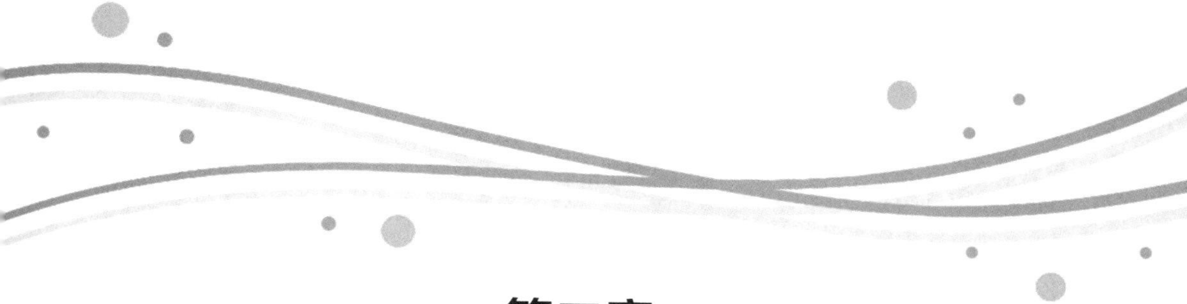

第二章
海洋资源管理与开发

本章论述的中心内容是海洋资源管理与开发，主要包括三节：海籍管理与海域使用管理、海洋资源经济管理与法律管理、中国海洋资源开发现状分析。

第一节　海籍管理与海域使用管理

一、海籍管理

（一）海籍管理基本概念

1. 海籍与海籍管理

（1）海籍基本情况

① 海籍的定义

海籍指记载各项目用海的位置、界址、权属、面积、类型、用途、用海方式、使用期限、海域等级、海域使用金征收标准等基本情况的簿册和图件。籍有簿册、清册、登记之说。如同建立户籍（含户口簿）及地籍（含地籍簿和地籍图）一样，海洋也要建立海籍（含海籍簿和海籍图）。

② 海籍的作用

为海域管理提供基础资料：调整海域关系，合理组织海域资源利用的基本依据是海籍所提供的有关海域的数量、质量和权属状况资料；合理配置海域资源的依据是海籍所提供的有关海域使用状况及界址界线资料；编制海域利用总体规划，合理组织海域利用的依据是海籍所提供的有关海域的数量、质量及其分布和变化状况的资料；征收海域税的依据是海籍所提供的海域面积、质量等级、海域位置等方面的资料。

为维护海洋产权权益等提供基础资料：海籍的核心是权属，其所记载的海域权属界址线、界址点、权源及其变更状况资料是调处海域使用纠纷、确认海权、维护社会主义公有制和保护海洋产权合法权益的基础资料。

为改革与完善海域使用制度提供基础资料：我国海域使用制度改革的第一步是变无偿、无限期、无流动的海域使用方式为有偿、有限期、有流动的海域使用。实行海域使用有偿使用制度，需制定海域使用金和各项海域课税额的标准。反映宗海面积大小、用途、等级状况的海籍为海域使用制度的改革和完善提供了基础资料。

为编制国民经济发展计划等提供基础资料：海籍所记载的有关海域社会经济状况及各类型用海数量、质量及其分布状况与变化特征等资料与图件，为编制国民经济发展计划和海洋事业发展规划等提供了基础资料。

③ 海籍的分类

依据海籍所起作用的不同，可区分为税收海籍、产权海籍和多用途海籍。税收海籍是为征收海域税服务的，它要求较准确地记载海域的面积和质量，在此基础上编绘而成的海籍簿（含图），称税收海籍。产权海籍，亦称法律海籍，是以维护海域所有权为主要目的，它要求准确记载宗海的界线、界址点、权属状况、数量、质量、用途等，在此基础上编绘成的海籍簿（含图）称产权海籍。多用途海籍，亦称现代海籍，除了为税收和产权服务外，更重要的是为海域开发、利用、保护以及全面、科学地管理海域提供海域信息。它除了要求准确地记载海域的数量、质量、位置、权属、用途外，还要求记载宗海的地形、地貌、水质、气候、水文、地质等状况，在此基础上编制的海籍簿、图称多用途海籍。

依据海籍的特点和任务的不同，可将海籍分为初始海籍和日常海籍。初始海籍是指在某一时期内，对某一区域内的全部海域进行全面调查后最初建立的簿册（含图）。日常海籍是针对海域数量、质量、权属及其分布和利用、使用情况的变化，以初始海籍为基础，进行修正、补充和更新的海籍。

依据海籍行政管理的不同层次，分为国家海籍和基层海籍。

（2）海籍管理概述

① 海籍管理的概念

为了建立海籍，编制海籍簿和海籍图，必须收集、记载、定期更新海籍信息，为此，需要开展海籍调查、海域评价、海域登记、海域统计等一系列工作。这些工作的总称即为海籍管理，一般由国家委派海洋管理部门完成。基于此，可将海籍管理定义为：国家为获得海籍信息，科学管理海域而采用的海籍调查（含海籍测量）、海域分等定级、海域登记、海域统计、海籍档案整理等一系列工作的统称。

海籍管理又称海籍工作。按海籍工作任务和进行时间的不同可区分为初始海籍工作和日常海籍工作。初始海籍工作是指对行政区域内全部海域所进行的全面调查、分等定级、登记、统计、建立海籍档案系统。日常海籍工作是指在初始海籍工作的基础上，对海域数量、质量、权属、利用状况的变化所进行的调查、登记、统计、更改海籍图等工作，以保持海籍资料的现势性和适用性。

② 海籍管理的任务

在我国，海籍管理的主要任务是：为维护海域社会主义公有制，保护海籍所有者和使用者的合法权益，促进海域资源的合理开发、利用，编制海域利用规划、计划，制定有效海域政策、法律等提供、保管、更新有关海域自然、经济、法规方面的信息。

2. 海籍管理的内容和原则

（1）海籍管理的内容

① 海籍调查

海籍调查是为查清宗海的位置、界址、使用类型、用海方式、数量、质量和权属状况而进行的调查。

② 海域分等定级

海域分等定级是在海籍调查和海域使用分类的基础上，为揭示海域使用价值的地域差异而划分的海域等级。海域的等别在全国范围内进行划分，在全国范围内具有可比性；海域的级别由沿海各地方结合本地区的实际情况，在海域等别的基础上进行划分，只在本地区内具有可比性。

③ 海域登记

海域登记指海域所有权、使用权以及他项权利的登记。

④ 海域统计

海域统计是对海域的数量、质量等级、权属、利用类型和分布等进行统计、汇总和分析，为国家提供海域统计资料，实行统计和监督。

⑤ 海籍档案管理

海籍档案管理是将海籍调查、海域分等定级、海域登记、海域统计等工作形成的各种文字、数据、图册资料进行立卷和归档、保管与提供利用等。

（2）海籍管理的原则

① 必须按国家统一的制度进行

为实现海籍的统一管理，使海籍工作取得预期的效果，国家必须对海籍管理的各项工作制定规范化的政策和技术要求，如海籍调查表、海籍图册、图件等的样式、填写内容与要求；海域登记规则；宗海界址的界定规范；海籍资料有关海域的分类系统等。国家必须做出统一规定，并要求全国各地按统一规定开展海籍工作。

② 保障海籍资料的可靠性与精确性

海籍簿册上所记载的数字必须以具有一定精度的近期测绘、调查和海域评价成果资料为依据，海籍中有关宗海的界址线、界址点的位置应达到可以随时在实地得到复原或推算的要求；海籍中有关权属关系的记载应以相应的法律文件为依据。

③ 保证海籍工作的连续性

海籍管理的文件是有关海域数量、质量、权属和利用状况的连续记载资料，这决定了海籍工作不是一次性的工作，而是经常性的工作。在进行最初的海籍调查、分等定级、登记、统计、建档工作以后，随着时间推移，海域的数量、质量、权属和利用状况会不断发生变化，为了将这些变化正确地反映到海籍簿及图上，就需要对海域进行补充调查、评价、变更登记和经常统计，也就是不间断地开展海籍工作。

④ 保证海籍资料的完整性

所谓海籍资料的完整性指海籍管理的对象必须是完整的海洋区域空间。如全国的海籍资料的覆盖面必须是我国整个海域；省级、县级及其以下的海籍资

料的覆盖面必须分别是省级、县级及其以下的行政区域范围内的全部海域；宗海的海籍也必须保持宗海的完整性，不应出现间断和重漏的现象。

（二）海籍调查

国家遵循相关法律程序，运用科学方法，对每一宗海进行勘测和调查工作，全面了解每一片海域的位置、边界、面积、形状、所有权、用途和用海方式等基本信息，然后将这些基本信息用图表和簿子的形式呈现，最终在此基础上完成海域登记。这一完整的流程就是海籍调查。调查成果涵盖了海籍测量数据、海籍调查报告（包括宗海图）以及海籍图，调查的目标在于获取并描述宗海的地理位置、边界、形状、面积、权属、用途以及用海方式等相关信息，为海洋管理部门提供真实可靠的资料，以满足我国海洋资源开发及利用的需要。

1. 海籍调查的单元和内容

（1）海籍调查的单元

海籍调查单元为一宗海。在海洋边界中往往有权属界址线，这些被权属界址线所封闭的同类型用海单元，被称为一宗海。在一宗海的内部，根据其用海方式的不同，也可以将一宗海细分为不同的单元。

为了方便海域使用的行政管理，以此为原则，一个海域使用单位使用一宗海，但填海造地用海在同一权属项目中应独立进行分类。在实际工作中，经常遇到一些特殊情况，针对这些特殊情况下的宗海划分有以下说明：如果公共使用的海域如锚地、航道等被宗海界定的开放式用海范围覆盖，就要对用海界线进行收缩，使之收缩至公共使用的海域边界；当宗海与其相邻宗海的开放式用海范围发生重叠时，双方应当进行友好协商，然后在协商的基础上根据间距、用海面积等因素将重叠部分的区域按比例分割，以确保重叠部分的海域得到妥善处理；当宗海内的某一种用海方式的需求超出了一般方法所定义的用海范围时，我们可以在充分论证并确认其必要性和合理性的基础上，适度扩大该用海方式的用海范围；如果宗海内的几种用海方式的用海范围发生重叠，重叠的这部分用海范围应当归入现行海域使用金征收标准较高的用海方式。

（2）宗海划分的原则

① 尊重用海事实原则

在划分宗海的时候，要尊重用海事实原则，在界定宗海的界址的时候，要考虑安全用海的需要，同时还要充分考虑海域使用的排他性。

② 用海范围适度原则

为了维护国家海域的所有权，促进海洋经济的可持续发展，以及避免海域空间资源的浪费，必须对宗海进行合理的划分，遵循用海适度原则，合理利用国家海域。

③ 节约岸线原则

宗海的划分应当遵循节约岸线的原则，要节约利用岸线和近岸水域，针对那些实际不需要占用的岸线以及近岸水域，要将其排除在外，以实现资源的最大化利用。

④ 避免权属争议原则

在划分宗海的时候，要避免产生海域使用权属争议，避免毗连的宗海之间的相互穿插和干扰，同时也不能将宗海范围界定至公共使用的海域之内，要对宗海进行合理的划分，确保海域使用权人的正常生产活动。

⑤ 方便行政管理原则

在划分宗海之时，还需要遵循方便行政管理的原则，在确保其海域无权属争议以及满足实际用海需求的前提下，对比较琐碎复杂的界址线进行适当的规整性处理，这样能够更加便于进行行政管理。

（3）海籍调查的内容

海籍调查是海籍管理的基础，其主要内容包括权属调查和海籍测量两个方面。权属调查是指通过对海域权属状况、权利所及的界线、海域使用类型、用海方式的调查，以及根据调查结果填写《海籍调查表》中的“海籍调查基本信息表”相关栏目，为海籍测量提供依据，其主要内容包括权属状况核查和界址界定。海籍测量是指在海域权属调查的基础上，借助仪器，以科学的方法，测算或推算宗海的界址点坐标、权属界限，绘制测量示意图，量算宗海面积，测绘宗海图、绘制海籍图，为海域使用权登记提供依据，其主要内容包括海籍控制测量、界址测量、宗海面积量算、测绘宗海图和绘制海籍图。

2. 海籍调查的分类

一般而言，对于海籍的调查，我们可以将其分为两种类别。一是初始海籍调查，二是变更海籍调查。所谓初始海籍调查，就是指在初始海域使用登记之前，进行的一项区域性的广泛调查，其目的在于了解该区域的海籍情况；变更

海籍调查是指在变更海域前进行的调查，也可以说是在设定海域登记之时利用初始海籍登记成果对变更宗海的调查，海籍调查是一项日常的海籍管理工作。

3. 海籍调查的技术依据

海籍调查的技术依据主要有《海籍调查规范》《海域使用分类体系》及其他相关政策、法规、政策性文件，有关部门规范性文件、批复、答复、函，地方制定的政策及技术标准的补充规定。

（三）海籍档案管理

1. 海籍档案管理的概念和任务

（1）海籍档案管理的概念

档案是指过去和现在的国家机构、社会组织以及个人从事政治、军事、经济、科学、技术、文化、宗教等活动时直接形成的各种文字、图表、声像等不同形式的历史记录，这些记录对于国家和社会具有保存价值。国家和地方各级海洋行政主管部门及其事业单位在海籍工作中，直接形成的反映海域状况和海籍工作的各种形式的记录，就是海籍档案，对于海洋管理工作以及社会和国家有重要的保存价值。

海籍档案是海籍工作的历史纪实，是由过去办理的，直接使用完毕后以备考查的海籍文件资料转化来的，不是事后另行编写的材料。建立海籍档案需要对海籍档案材料进行收集、整理、分类编目、归档保管等，这就是海籍档案的管理活动。因此，海籍档案管理可以理解为以海籍档案为对象而进行的收集整理、分类编目、归档保管、提供利用等各项活动的总称。

（2）海籍档案管理的基本任务

在海籍档案管理过程中，需要遵循海籍档案统一管理原则，完善海籍档案管理体系，逐步推进海籍档案管理的现代化进程，以适应不断变化的时代需求；要加强对海籍档案的保护和利用，积极挖掘开发信息资源，以更好地服务于海洋科学管理以及社会主义建设。

2. 海籍档案的收集和整理

（1）海籍档案的收集

将分散在各有关部门、单位和个人的海籍档案，按照海域管理有关法规和《档案法》的有关规定，有计划、有步骤地分别集中到各级海洋行政主管部门档案室，包括原始资料的收集、图纸的收集和往来资料的收集。

（2）海籍档案的整理

在对海籍档案进行整理的时候，首先要将零散的海籍档案集中到档案室，然后根据档案内容所反映的问题进行分类，并按照类别将这些海籍档案组成册籍、卷宗、图集、卡片簿等不同体系的保管单位。每个保管单位都有其特定的整理工序，以卷宗为例，要先进行组卷，然后整理卷内文件、填写案卷封面、对案卷进行装订、对案卷进行排列以及编制案卷目录等等。

在整理海籍档案时，应充分利用先前整理的基础，同时还要保持档案之间的历史联系，这样能够更加方便保管以及提供相关服务。

3. 海籍档案的分类和编目

（1）海籍档案的分类

根据海籍档案的来源、时间、内容和形式上的异同，分成若干类或案卷，在海籍档案分类中，常用的分类法有以下两种。

① 按地区分类

按地区分类即按海籍档案所涉及的行政区域进行分类，一般情况下，将海籍图、表、卡以沿海县级行政区为单位进行组卷。

② 按时间分类

按时间分类即按形成和处理文件资料日期的先后顺序，以一定的时间（年、月）为依据对海籍档案进行分类。

在实际的海籍档案分类中，大多采用两者相结合的方式进行，如先按地区分类别，再按时间分属类。

（2）海籍档案的编目

海籍档案的编目指对各类不同保管单位海籍档案案卷（图集、卡片簿、册籍）目录的编制。案卷目录是查找和利用档案的基本检索依据，也是统计和检查档案的重要依据。

案卷目录包括封面、序言、目次、简称与全称对照表、案卷目录表和备考表。

4. 海籍档案的鉴定和统计

（1）海籍档案的鉴定

评定海籍档案的价值，对已失去价值的海籍档案，需将其清理出来，加以销毁；对有价值的海籍档案，根据其保存价值大小，确定保管期限，并根据档

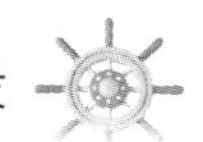

案的保密程度和允许提供的范围，确定其保密等级。

（2）海籍档案的统计

所谓海籍档案的统计是指以表册、数字的形式反映海籍档案及其管理的有关情况，分为档案登记和统计两个部分。

海籍档案登记的内容包括海籍档案的改进、整理、鉴定、保管档案数量和状况以及档案利用情况等。

海籍档案统计的内容包括海籍档案的构成、档案利用、档案工作人员构成、档案机构建设等情况。海籍档案统计工作为分析和研究海籍档案管理中的经验和问题、不断改善档案管理工作提供了依据。

5. 海籍档案的保管和利用

（1）海籍档案保管

海籍档案的保管就是要采用各种保管方法，消除一切可能损坏档案的自然因素（不适当的温度、湿度、虫蛀、空气中酸污染、纸张质量低劣等）和人为因素（档案保管制度不严等），尽可能地延长档案的使用期限，防止档案的泄露和丢失，维护档案的安全。

（2）海籍档案的利用

海籍档案的利用是海籍档案管理的目的。海籍档案提供利用的方式有：提供海籍档案原件，可在档案室内设阅览室或将原件借出室外使用；提供档案复制件，如制作档案复制品，提供微缩胶卷（片）、静电复印件，制作档案 VCD、DVD 或建立相应的档案网站等，出版或印发档案汇编；编写档案证明；函复、查询外调等。

二、海域使用管理

（一）海域使用管理概述

1. 海域使用及其影响因素

（1）海域使用的概念

海域使用是指人类为从海洋中获取生存和发展所需的各种利益，根据海域的区位、资源、环境条件进行开发利用活动时必须占据利用某一海域的过程。它可以是生产性活动，如海水养殖、海洋油气开采等，也可以是非生产性活动，如设立海洋自然保护区、设立海洋军事活动安全区等。《中华人民共和国海域使用管理法》中所指的海域使用是指在我国内水、领海持续使用特定海域三个月以上的排他性用海活动。

（2）海域使用的影响因素

海域使用不但会受到气候水文条件、海岸线长短、海洋生物资源丰度等海域自然性状的影响，还会受到社会制度、科学技术、交通条件、人口密度等社会经济因素的制约。

（3）海域使用的原则

① 生态平衡原则

在确定海域的用途和利用结构时，要正确评估海域的自然和经济特征，充分发挥不同海域的资源优势，切实做到海尽其用，宜渔则渔、宜开发则开发、宜保护则保护，以保护海域生态环境为前提，使海域资源得到保护和永续利用。任何海域开发利用行为都必须经过科学的海域使用论证。

② 经济效益最大化原则

合理的海域利用就是用尽可能少的劳动、资本和其他资源消耗，生产出尽可能多的符合社会需要的产品。在海域自然、社会、经济状况相似的条件下，有以下三种情况：

当取得等量的产品时，劳动、资本和其他资源的消耗越少，则经济效果越大。即提高经济效益的关键在于采用合理的技术、经济措施，以降低劳动和资本消耗，争取成本极小化。

当消耗等量劳动和资本时，所取得产品的数量越大，则经济效果越大。即提高经济效益的关键在于提高劳动、资本和其他资源消耗的转化率，争取收益极大化。

在劳动、资本和其他资源的消耗与产品数量均为变量的条件下，若消耗的增量小于成果的增量，经济效益上升；反之，经济效益下降。

③ 节约原则

海域资源是自然的产物，它的数量不能随意增加，海域有限是一种普遍现象。海域是一切海洋经济生产活动的物质基础，是人类获得海洋动植物资源的主要来源。但近年来，随着人地矛盾的凸显，大量围填海工程被推进，由此引发的近岸海域渔业资源衰竭，滨海湿地、红树林、珊瑚礁等近岸海域生态系统

退化等问题日益严峻。因此，合理用海应体现节约原则，具体来说，就是要严控围填海数量，禁止不合理填海。

2. 海域使用管理的概念和目标

（1）海域使用管理的概念

海域使用管理是指国家按照预定的目标和海域开发利用的自然、经济规律，以实现海域资源合理开发利用和可持续发展为目标，对海域资源的开发、利用、整治和保护所进行的计划、组织和控制等工作的总和。海域使用管理是海洋管理的核心，其本质在于通过合理分配各类海域数量和合理设置利用水平以提高海域使用的生态、经济、社会综合效益。

（2）海域使用管理的目标和内容

① 海域使用管理目标

海域使用管理是一种政府行为，是政府为了保障全社会的整体利益和长远利益，消除海域使用中的干扰和不利影响，协调海域使用中的各种矛盾而对海域使用进行的干预。政府要实现这一目的，必须设立明确的海域使用管理目标，一般来说，海域使用管理目标包括经济效益、分配公平、社会发展、保障供给和环境质量 5 个方面的内容。

② 海域使用管理内容

海域使用管理的主要内容包括：海域使用权出让管理；海域使用权转让管理；海域使用权出租管理；海域使用权抵押管理。

3. 海域使用管理的依据

（1）海域使用管理的法律依据

海域使用管理的法律依据主要包括宪法、法律、行政法规、国务院法规性文件、地方性法规、行政规章和其他规范性文件等 7 类。海域使用管理所依据的相关法律主要包括《中华人民共和国海域使用管理法》《中华人民共和国领海及毗邻区法》《全国人民代表大会常务委员会关于批准〈联合国海洋法公约〉的决定》《中华人民共和国政府关于中华人民共和国领海基线的声明》《中华人民共和国物权法》《中华人民共和国行政监察法》《中华人民共和国行政复议法》《中华人民共和国行政处罚法》等。

（2）海域使用管理的理论依据

① 可持续发展理论

海域资源的可持续利用是海洋经济可持续发展的物质基础，具体表现为：

保有一定数量且结构合理、质量不断提升的各类海域资源；海域资源的生产性能和生态功能不断提高；海域资源利用的经济效益不断提高；降低海域使用可能带来的风险；海域资源的利用能够被社会接受，体现公平和效率。

② 地租地价理论

所谓地租，就是指土地所有者出租其土地所获得的收入，它将土地所有权与使用权分离，是剩余价值的一种转化形式。海域作为特殊的土地，其所有权在经济上的实现形式亦符合地租理论。在地租理论中，依据其超额利润形成的原因和条件的不同，地租主要可分为三类，这三类分别是级差地租、绝对地租以及垄断地租。

第一，级差地租主要是针对那些生产条件较好的海域来说的，在这些海域中所获得的超额利润就是级差地租。通常情况下，这与海域的经营垄断以及海域面积有关。有的海域自然资源比较好，有的海域自然资源比较差，当进行海水养殖时，在条件较好的海域中能够获得较好的利润，但是在条件较差的海域中所获得的利润则没有那么高，在条件较好的海域中所获得的超额利润就是级差地租。

第二，在任何一宗海域中，都必须要支付地租，无论其海域是优等还是劣等，这就是绝对地租。绝对地租产生的原因在于海域所有权的垄断及海域所有权和使用权的分离。

既然使用各等级的海域都要缴纳绝对地租，那么，利用劣等海域的海域使用者，在平均利润以外所缴纳的绝对地租是从何而来的呢？同样以养殖海域为例，海产品的市场价格并不等于劣等海域生产条件所决定的社会生产价格，而是高于它。这样，劣等海域除了能提供平均利润以外，还有一个余额，这个余额即为超额利润，即绝对地租。

第三，在海域中，有一些自然条件比较特别的海域，能够生产一些比较稀有特别的海产品，它们往往价格比较昂贵，能够带来巨大的超额利润，由于海域所有权的存在，这些超额利润往往就能够被转化为垄断地租。

③ 区位理论

区位理论在海域使用管理中的应用主要表现在以下几个方面：

确定海域资源在各用海方式、各部门之间的分配。各海区相对于沿线和经济中心位置的差异，会使运输成本和劳动力成本有较大差异。基于比较收益的

原则，确定不同海区的适当用海方式，在各部门合理分配海域资源，可实现海域使用综合效益的最大化。

优化海域使用结构。处于不同海区的海域，其地租、地价额有较大差异，因此，可利用地租、地价的经济杠杆，调整海域使用结构，优化海域使用。

制定合理的用海政策和功能区划。依据区位原理，制定合理的用海政策和海洋功能区划，指导各类用海的区位选择，对海域使用进行宏观管理。

确定海域质量等级。影响海域质量差异的因素主要是海域的区位和自然资源禀赋，区位因素在确定海域等级方面有着重要的作用。

确定不同海区的差额税率。同一行业中经营管理水平相同的企业，处在较优位置的会比处在较劣位置的获得更多的利润，从而形成级差收益，海域的使用也一样，因此，可据此制定差额的海域使用税率。

④ 海陆一体化理论

在区域社会经济发展过程中，要想更好地发展经济，可以将海与陆结合起来，综合考虑其环境特点，考虑其资源环境生态系统的承载力与潜力，考虑其生态与经济功能，进行统一的区域发展规划与执行，使双方更好地互动，促进区域经济的和谐、健康发展。海陆一体化理论，有利于把陆地区域优势和海上区域优势结合起来，从而有效地整合资源，达到区域整体效率的最大化。

（二）海域使用论证

1. 海域使用论证概述

（1）海域使用论证的内涵

海域使用论证是指通过科学的调查、分析、预测，对拟开发海域进行用海可行性分析并给出结论报告。申请使用海域首先要通过对申请使用海域的区位条件、资源状况、开发现状、功能定位、开发布局、整体效益、风险防范、国防安全等因素进行调查、计算、分析、比较，提出项目用海是否可行的结论并给出相应的书面资料，以达到科学用海、规范管理和可持续性用海的目的，为海域使用管理提供科学依据和技术支撑。

（2）海域使用论证的主要内容

① 项目用海必要性分析

在海域使用论证时，要进行项目用海必要性分析，也就是说，要说明项目的基本情况以及项目申请用海情况，阐述这个项目的意义与目的以及项目要占用海域的必要性。

② 项目用海资源环境影响分析

针对项目，对其资源环境进行影响分析，简要分析项目用海的环境影响、生态影响、资源影响和用海风险。当用海项目属于改扩建时，应对已建项目用海的主要影响进行简要分析。

③ 海域开发利用协调分析

协调分析包括项目用海对海域开发活动的影响、利益相关者界定、相关利益协调分析以及项目用海对国防安全和国家海洋权益的影响分析等。

另外，还有项目用海与海洋功能区划及相关规划符合性分析、项目用海合理性分析以及海域使用对策措施分析等等。

2. 海域使用论证管理

（1）海域使用论证资质管理

① 资质证书管理

《海域使用论证资质管理规定》确定了资质单位证书管理制度。要求“凡从事海域使用论证工作的单位，必须取得海域使用论证资质证书，方可在资质等级许可的范围内从事海域使用论证活动，并对论证结果承担相应的责任。”单位一旦获得资质证书，除因违规情况降级或注销资质证书外，将一直保有论证资质。海域使用论证资质证书分为正本和副本，由国家海洋局统一制作、印刷和发放，并对证书的使用进行监督和管理。海域使用论证资质单位不得采取欺骗、隐瞒等手段取得资质证书；不得涂改、伪造、出借、转让资质证书。

② 资质分级管理

根据资质单位的主体资格、人员状况、仪器状况、单位资历、技术力量、仪器设备、管理水平等情况，将海域使用论证资质单位分为甲、乙、丙三个等级。甲级单位承担国务院和省、市、县级人民政府审批项目用海的海域使用论证技术服务；承担海域使用论证技术服务纠纷的技术仲裁服务。乙级单位承担省、市、县级人民政府审批项目用海的海域使用论证技术服务。丙级单位承担县级人民政府审批项目用海的海域使用论证技术服务。资质单位不得超越从业范围提供海域使用论证技术服务。

（2）海域使用论证报告评审管理

① 报告评审管理

国家海洋局印发的《关于进一步规范地方海域使用论证报告评审工作的若干意见》《关于加强海域使用论证报告评审工作的意见》等文件，要求评审组织部门和评审专家严格执行海域使用管理政策法规和相关技术规范，确保论证报告评审工作的严肃性，提高评审工作的质量，并对评审专家提出了具体要求，确定了重点把握内容。要求评审组织部门合理选聘专家，排除外界干扰，充分发挥专家的专业特长。要求提高评审工作的效率，将海域使用论证报告评审改为一次评审制度，不再进行任何形式的复审或复核。要求各级海洋主管部门加强评审专家队伍建设，认真落实专家库和专家委员会的职责，充分发挥评审专家的作用，加强评审工作的绩效考核[①]。

② 评审专家库

为了规范海域使用论证报告评审工作，保证海域使用论证的科学性和评审活动的公平、公正，提高评审质量，为海域使用论证评审提供科学依据，国家海洋局先后印发了《海域使用论证评审专家库管理办法》和《关于进一步规范地方海域使用论证报告评审工作的若干意见》，明确要求国家和省级海洋行政主管部门要分别组建并管理国务院和沿海县级以上地方人民政府审批项目用海的评审专家库。评审专家实行聘任制，聘任期为 3 年。

第二节　海洋资源经济管理与法律管理

一、海洋资源经济管理

（一）海洋资源经济管理概述

1. 海洋经济

“海洋经济”一词在我国已提出 30 多年，但一直没有一个较统一的定义，

① 海域管理培训教材编委会. 海域管理法律法规文件汇编［M］. 北京：海洋出版社，2014.

学者们从自己的专业领域出发，对海洋经济的概念提出了众多的诠释，甚至同一学者在不同的研究中也会给出不同的诠释。对比分析后可以发现，海洋经济的界定方法或者范畴多种多样，有以海洋空间为特定活动场所的经济活动，有将海洋资源作为生产资料的经济活动，有以产品为海洋开发服务的经济活动，还有利用海洋区位优势的经济活动，专家学者们对海洋经济的定义也是仁者见仁，智者见智。但无论从哪个角度定义海洋经济，其核心点主要集中在海洋地理空间和海洋资源两个方面，而海洋地理空间实质上也是一种海洋资源。因此可以说，海洋经济的本质是对海洋资源进行配置和利用的社会实践活动，这里所说的海洋资源包括海洋自然资源和社会资源。根据国家标准《海洋及相关产业分类》（GB/T 20794—2006）中对海洋经济的定义，海洋经济是开发、利用和保护海洋的各类产业活动以及与之相关联活动的总和①。

海洋资源是自然资源的重要组成部分，是国民经济和社会发展的重要物质财富之一。从理论上讲，海洋资源可以用货币计量其价值，能为某一利益主体所拥有，并带来经济效益。海洋经济是海洋资源经济化的实体，是海洋资源的价值得到体现的真实反映，海洋资源对改善经济结构的贡献，主要也是通过海洋经济的发展来实现的。

2. 海洋资源经济管理的概念

海洋资源经济管理是海洋资源管理的重要内容。所谓海洋资源经济管理，就是运用经济的手段和方法来管理和保护海洋资源，以取得海洋资源利用的最大经济效益。为了科学地管理海洋资源，保证海洋资源占用的合理性和海洋资源利用的经济效益，除了运用行政和法律手段外，还要运用经济管理的手段和方法，使之与海洋资源利用单位和个人的物质利益挂钩，保证海洋资源所有权在经济上加以体现。

一个国家的海洋史，从某种意义上说就是海洋资源利用的历史。在海洋资源利用上，不仅要弄清楚海洋资源利用、配置等环节中的资源经济关系，还要寻求实现海洋资源利用效益的最优途径。为此，一方面要对现有海洋资源采取最严格的经济保护措施，对可耗竭海洋资源的可持续利用（用经济学的观点描述就是最优耗竭）要合理调控，以保证海洋资源在不同时期的合理配置；另一

① 海域管理培训教材编委会. 海域管理法律法规文件汇编［M］. 北京：海洋出版社，2014.

方面要在进行海洋资源开发的同时，努力提高海洋资源利用的经济效益，实现社会经济可持续发展的资源配置方式。

海租和海价是海洋资源经济管理的理论依据。首先要从理论上弄清楚产生海租的原因和条件，区分绝对海租和级差海租，而且要研究我国是否具备产生海租的基础和条件；其次要研究运用海洋经济手段（价格、税收等），合理利用和保护海洋资源。

综上所述，海洋资源经济管理大致包括下列主要内容：海租、海洋资源货币价格、海洋资源利用经济分析和海洋资源经济保护。

3. 海洋资源经济管理理论

（1）海租与海价

起初，土地是私有制的，地租制度便是从那个时候兴起的。然而在很长一段时间内，海域都属于共用资源，在国外和我国一直是无偿使用，没有价值也没有任何租金，用海者不需要向国家、集体或者任何人缴纳费用，在市场化和资产化的发展上更是缓慢。直到20世纪90年代，国家开始逐渐认识到海域价值的重要性，并加强了对海域的重视与管理，并逐渐提出要有偿使用海域和征收海域使用金。

实际上，正如马克思所说的“土地（在经济上也包括水）最初以实物、现成的生活资源供给人类，它未经协助就作为人类劳动的一般对象而存在”“土地是自然界产物，一些人拥有对土地的所有权后收取地租”“只要水流等有一个所有者，是土地的附属物，我们也把它作为土地来理解”[①]。海域作为广域土地的一部分，也承担着与土地一样的功能，而我国宪法和《中华人民共和国海域使用管理法》明确规定，海域完全属于国家所有[②]。因此，用海者也应该以海域使用金的形式向海域所有者——国家缴纳一定的租金。从海域使用金的形式和内容看，实际上它与土地经营者向土地所有者缴纳的地租是完全一样的，也是一种地租形式，我们可以将其称为海租。所谓海租，就是指海域所有权在经济上的一种实现形式，海域的所有者拥有着海域的所有权，他将这种所有权以法定方式出让给个人或者单位，以这种方式所获得的收入就被称为海租。海租不仅仅包括海域使用的剩余价值和收益，当海域使用者在使用海域时，

① ［德］卡尔·马克思. 资本论［M］. 徐靖喻，译. 北京：煤炭工业出版社，2016.

② 海域管理培训教材编委会. 海域管理法律法规文件汇编［M］. 北京：海洋出版社，2014.

海域属性有可能会发生不同程度的改变，从而导致其属性价值产生损失，这部分损失的补偿也要算到海租之中，不过这一部分表现得相对较弱。

我国目前的海租与地租相比具有以下特点：

海域完全是国有性质，而土地具有国有和农村集体所有性质，因此海域使用金，即海租，其性质也是上缴国家，以此区别于地租，海租用于海洋基础工程建设和基础设施的完善、海洋环境保护与治理、海域管理能力建设和提高自然资源利用水平等，完全不具有个人获利和私人所有性质。

限于历史原因，地租的提出和取得只考虑到土地利用的收益和利用过程中所产生的剩余价值，没有考虑土地利用过程中的生态环境价值，且土地的生态环境价值表现也不明显，同时，地租理论提出和建立的过程中，资源匮乏和环境问题远没有现在表现得这么强烈。而海租收取过程中，我们一方面应该考虑到海域使用产生的收益，即剩余价值，另一方面要考虑到海域使用者在使用海域时不同程度改变海域属性导致的海域属性功能价值的损失。海域属性所具有的功能价值本应为全社会共享，而海域使用者在海域开发和使用时，由于排他性往往独享这一价值，并在开发海域时不同程度改变了海域属性，导致该部分价值受损，最后产生的损失往往由政府买单，因此，在海租收取过程中，应该考虑海域属性改变导致的价值损失。

与地租的资本化形成地价类似，海租的资本化也将形成海价。鉴于我国海域的国家所有特征，海域的市场化经营只能是海域使用权的市场化。在可实行市场化经营的海域，海域使用出让金可视为海域使用权价格。根据预期海域使用期期间海域使用金折现值的总和，来测算海域使用权价格。对非收益性海域和改变海域性质的用海，则可参照它所代替的有收益的海域价格水平进行评估。随着海域有偿使用制度的实施和不断深化以及海洋经济的飞速发展，海域市场化经营在21世纪必将加速发展，而随着海域资源稀缺程度的增高，海域使用单位和个人申请审批取得海域使用权的方式将越来越少，而通过招标、拍卖等海域市场交易活动取得海域使用权的方式将逐步成为主流。我国的海域使用权市场正处于萌芽和初步建立阶段。

目前，土地使用权逐渐成为一种特殊商品，在个体、企业与政府之间，不断地流转，在这个过程中，也逐渐形成了各种不同的地价，这些不同的地价往往能够发挥不同的作用，展示出不同的特性。从理论上说，地价是反映土地使

用价值和经济效果的综合指标。各级政府国土资源管理部门既是政府管理部门，又是国有土地的产权代表，当作为政府管理部门之时，他们要代表国家对地产市场中的交易行为进行宏观调控和微观管理；当作为国有土地的产权代表之时，他们要代表国家行使土地所有权的权力，可以对土地所有权进行出让和回收。当前，我国已构建起一套相对完备的地价体系，能够与现有的土地转让制度、土地使用权出让制度、土地管理制度等相互配套，能够满足开发者、政府、地产投资者、使用者等多方面、多层次的需求。现有的地价体系包括 4 种价格，即基准地价、标定地价、交易底价或交易评估价、成交地价。海域与土地一样，在不同的阶段满足不同的目的，也具有不同的价格形式，同样包含 4 种价格，即基准海价、标定海价、交易底价或交易评估价、成交海价。其中基准海价是市场发育时海域使用权出让的海域使用价格，现阶段全国统一指定的海域使用金标准是其典型代表，而标定海价、交易底价和成交海价是海域市场比较完善时，不同阶段、不同目的的主要用于招、拍、挂的海域使用价格。

（2）竞租原理

沿海地区每一区位均有无数潜在的海洋资源使用者参与竞标海租，竞标海租最高者取得海洋资源使用权。在自由竞争的市场经济体制下，哪一种经济活动能负担较高海价或支付较高租金，就能优先占有或利用该海洋资源。利润愈高的行业，付租能力愈高，这些行业往往集中于沿海地区海价较高处。如果海洋资源市场是完全竞争的，竞租就等于海洋资源使用者实际支付的租金。在沿海地区，海租最高的往往是商业用海，具有最高的竞争能力，因此它比较靠近经济发达的地区；之后分别是海洋工业用海、住宅用海以及渔业用海，海租依次降低。

（3）资源产权理论

由于海洋资源的共有财产资源性质，其使用方式呈现出非竞争性和非排他性的特征。因此，在海洋资源的开发利用过程中，进行海洋资源配置时，首要任务是明确海洋资源的使用权和所有权之间的关系，以确保海洋资源的可持续利用。因此，研究海洋资源的产权配置问题对我国的海洋经济发展具有重要意义。产权理论的核心部分就是科斯第二定理，其主张在交易成本大于零的情况下，如果产权配置和调整不同，资源配置状况和效率结果也将产生差异。在交易成本大于零的情况下，人们往往会以自身利益为出发点，考虑交易的成本和收益比例问题。当产权明确后，人们会尽力减少成本消耗，充分利用所拥有的资源，以达到优化资源配置，提高收益的目的。

海洋所有权与海洋使用权是不同的，国家拥有海洋所有权，要想获得海洋使用权，需要通过海洋资源交易市场获取。海洋资源交易市场中，海洋资源产权是可以相互转让的，这样，才能更好地发挥海洋资源的价值，更好地对其进行利用。

（4）海洋资源资产价值理论

长期以来，海洋自然资源没有价值的观念，导致海洋资源在社会实践中的“资源无价，原料低价”的价格政策，这种失灵的价格政策刺激了人类对海洋资源的过度需求，导致海洋生态破坏和环境污染日益加剧，甚至导致某些海洋资源日趋枯竭。但是，随着资源日益稀缺，“资源有价”的思想被越来越多的决策人员和经济学家接受。世界各国特别是一些发达国家开始重视自然资源的核算，试图通过建立自然资源的货币账户，使资源环境变化在宏观经济分析中得到准确的体现，为政府在资源环境与经济社会发展关系中的决策提供更准确的依据。

① 海洋资源有用性构成海洋资源价格的内在依据

海洋资源具有能向人类提供生产和生活资料及活动场所的属性与功能，能满足人类生存和发展的需要，对人类具有使用价值。生活在热带和珊瑚礁上的生物，含有许多可吸收紫外线的物质，用其作为化妆品原料，可防止紫外线伤害皮肤；把这种物质的遗传基因重新植入植物内，便可培育出可用于沙漠绿化的植物。海水直接利用是替代淡水、解决沿海地区淡水资源紧缺的重要措施。

② 海洋资源的有限性、稀缺性构成了海洋资源价格的外在依据

自然资源的有限性和稀缺性是人类开发和利用自然资源过程中表现出来的。海洋资源的有限性或稀缺性至少应包括：一是自然条件与自然资源本身就是在不断地退化、贫化、质变以及之中；二是人类活动使某些资源变得越来越少；三是自然资源的生态结构、生态平衡被摧毁或破坏。人类必须要认识到海洋资源的稀缺性以及有限性，全面地认识其价值，并以科学的价格机制反映其稀缺程度。

（二）海洋资源的经济相关性

1. 海洋资源与环境

从经济学的视角看，环境通常被看作一项能够提供多种服务的复杂资产。除了其本身具备的生命系统支撑功能外，环境还能够提供原料和能源，而这些原料和能源最终以废物或其他服务方式反馈于环境。在该封闭系统内的各种相互关系中，海洋生物资源还能为沿岸居民的生活提供举足轻重的经济支撑，提供影响沿海社会与经济关系的能源及食物资源。但是直到最近，人类才具备从水环境中系统获取资源的科学知识和技术能力，针对深海更是如此。目前，海洋已成为许多行业利益、国家利益和国际利益的复杂交汇点。自然资源的经济学研究表明，海洋生态系统支持三种主要的经济功能：资源供给者；废弃物的吸收与同化；效用的直接来源。

在常规模型中，环境和经济过程被看成一种投入与产出的关系。经济活动可能减少或者增加可再生资源的存量、减少耗竭性资源存量和环境所能吸收同化的废弃物。追求利润最大化的经济开发活动可能会降低环境质量、抑制环境的其他生产用途以及降低环境的直接效用。向环境过度排放废弃物会使环境资产贬值，当废弃物排放量超过环境的吸收同化能力后，环境的服务性功能就会降低。虽然模型的本质是用来简化现实的，但上述提及的环境系统的基本循环模式并没有将组成环境的多种亚系统中无数相互关联的因素以及这些亚系统之间的依存与协同关系考虑在内，而这种种关系正是理解复杂的海洋动力的基础所在。该模型仅仅提供了经济开发与环境健康之间大致的权衡取舍。千年生态系统评估大会试图构建一个地球生态系统的全球总库存量，该大会提到生态系统的经济福利服务功能可以分为四类，每一项服务功能都涉及某些海洋相关产品：

调节功能，例如，保护海岸避免风暴和浪潮袭击、保持水质和防侵蚀。

提供物品服务功能，例如，提供渔业、矿产、碳氢化合物、能源、生物制品、建筑材料等物品和服务（如航行）。

文化服务功能，例如，旅游和身心休养服务。

支持功能，营养物质循环利用、鱼类养殖与鱼类栖息地的支持功能。

2. 海洋资源与价值

从经济学的观点观察海洋，研究者想做的第一件事就是尝试用货币的形式估计其价值。但是，估算海洋的货币价值几乎是不可能的。因为传统的经济学理论无法提供足够的工具去计算海洋真正的经济价值，并且不能提供一种方法定量计算由于生态系统条件变化引起的价值变动。例如，难以定量计算环境影响的经济成本。因此，尝试计算海洋的货币价值毫无意义。其原因是，不仅如此巨大资产的计量会非常不精确，而且市场机制的定价并不适用于全球生态系统。

在经济学意义上，物品的价值是通过比较得出的。由于货币是独立于价格决定系统之外的因素，因此货币本身对系统的价格评价毫无意义。也因为如此，在讨论保护海洋世界时，没必要讨论个人的货币支付问题。在评价海洋经济价值时，区分海洋生态系统存量的价值评估与给定存量中的商品流和服务过程的价值评估的异同是十分重要的。

传统经济分析框架对评估基本生态系统功能和生物多样性保护等整体概念是不充分和不恰当的。但是，传统经济分析框架可以用来测量生态系统的使用价值。评价海洋的价值意味着要将整个海洋作为存量来评估其价值，评估海洋的资源价值要将资源作为流量进行评价，这分属不同的概念。资源的价值经济评价可以通过捕捞产量提高的货币附加值进行。按这种方式，经济价值的评估可与生态系统功能和相关商品与服务产出相结合。

自然的服务流可被视作一项功能性的经济价值。换句话说，从经济学的视角来看，大自然可以被看作能提供商品和服务流的资产。这项资产可以根据其提供的商品与服务流的价格进行货币量评估。每一单位的服务流可能是实物资产（如水产品、矿产、碳氢化合物和基因资源），也可能是生物地球化学进程（如营养物质的生产和水的排放量），甚至可能是文化和社会活动（如沙滩、潜水或航海的休闲服务）。该服务流的边际单位可根据对物品的支付意愿和对损失接受意愿的补偿额进行估价。在商品市场上，将海洋相关产品和服务货币化，实际上只是一种非常简单的估价方式（因为消费者可以直接观察到相关产品和服务的市场价格）。另一方面，为了确定生态服务的经济价值，就必须使用复杂的价格评价方法或技术。

然而，替代市场价值和以调查方法等为主的生态价值评价技术都太过抽象

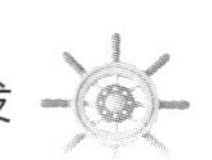

和理论化。为简单起见，我们可以认为海洋提供的所有物品与服务的总和应等于海洋生态系统的总经济价值。环境资源的总经济价值通常可分为以下三个部分：使用价值、期权价值和非使用价值。使用价值指的是直接使用价值，比如渔获物的价格或开采的矿物；期权价值是指相同资源未来使用中可能获得的价值；非使用价值是指未开发自然资源本身内在的价值，非使用价值反映出了人类保护环境的意愿。

虽然用货币量估计海洋价值并无重要意义，但是依然需要关注自然系统对经济发展的重要意义。如果经济与环境整合的合意性有助于解释全球性评估系统，当生态学家和自然科学家找到评估生态系统服务的经济价值后，经济学家将会试图创建一种新方法来估价非市场化公共用品（如环境质量）的价值。事实上，学术界已经有许多评价自然资源价值的方法与技术。用直接观察法，可以直接观测和计算价格变动。当不能直接观测价格时，可以用调查支付意愿法评估价格（所谓附加价值法）。经济学家们通常选择旅游成本价值法、享乐财产价值法、享乐工资价值法、规避开支价值法等方法进行价值评估。

就海洋环境评估问题，曾经有人试图用遗产理论框架，使用定量指标和使用价值的概念来对海洋价值进行估价。该理论框架囊括了所有有价值的资源和资产，包括各种物质和非物质、可货币化和不可货币化资源和资产。从传统的经济学观点来看，该理论框架所使用的估价方法太过抽象，因为其定量过于粗放。

近年来，学者们特别关注并尝试两个著名的海洋生态系统有形资产的自然服务价值的评估。这两个海洋生态系统是珊瑚礁和红树林。联合国报告强调了生态系统在旅游、海岸侵蚀和渔业养殖方面的重要作用。据估计，珊瑚礁价值可以达到每年每平方千米 10 万～60 万美元，对于不同的旅游者来说，不同位置的珊瑚礁服务价值是不同的。

3. 海洋资源与服务

海洋不仅可被视为物品服务和能源供给者，还可用作航海、电缆和管道铺设的空间资源。作为物品的供给者，海洋为人类提供了大量的食物、矿物及遗传资源。另外，随着海洋科学发现和海洋设备技术的不断进步，海洋在将来为人类提供更多矿物质的潜力是巨大的。海洋服务经济发展的相关经济潜力是生物技术在海洋生物中的运用。生物技术主要针对生物有机体及其遗传信息进行实际操作，为人类提供有价值的消费物品和工业产品。目前，海洋生物已被广泛应用于制药和美容产品的生产。医药和美容产品的市场还处于幼稚产业阶段，但预期在未来10年将会快速成长。

海洋的服务功能包括提供贸易通道、旅游以及海洋运输。毫无疑问，海洋是全世界最主要、最天然的交通基础资源。海洋的运输服务功能一直是海洋最基本的功能，近年来商人对于海洋运输的依赖程度仍在不断提高。大宗物品从一个地方运输到另一个地方的运输方式中，海洋运输成本最低。海洋航运的运输量占据全球贸易总吨位的90%，航运业的年市场价值超过4亿美元。

海洋蕴藏的能源具有资源服务功能，全世界大约有8 000座海上石油和天然气设施，海上石油与天然气对全球能源的贡献率分别为30%和20%。另外，海洋能源还有潮汐发电、波浪动能和海洋热能转换等，这些能源都有巨大的经济潜力。据估计，热带海洋每天吸收的太阳辐射能产生的热量相当于1 700亿桶石油产生的热能。海洋是巨大的可再生能源能量库。最近，人类已经开始探索如何持续利用可再生能源。即使在可再生能源的利用初期，相关产业部门也拥有巨大的发展潜力。人类正大量投资促进该产业发展的技术，当技术发展到足以进行可再生能源的商业性利用和开发的水平时，海洋经济价值将成倍地快速增长。

4. 海洋资源与产业

根据综合、全面而可靠的估计，全球海洋关联产业的收入超过1.5万亿美元。海洋产业包括海上石油和天然气（占总价值的30%）、航运收入和海军开支（占海洋总产值的40%以上）以及水下通信收入和游船收入等。这三项产值居海洋产业的前三名①。

浩瀚的海洋为人类提供了基本的生态系统服务功能、物品以及其他服务功能，海洋的服务功能又催生了许多与海洋相关的新兴产业，但是到目前为止，对海洋经济的分析仍旧聚焦在海洋提供自然资源这一方面。海洋自然资源可以分成以下几类：

生物资源。基本上都是可再生资源。

非生物的可耗竭性资源。通常指会因开采开发而逐渐消耗的资源。

---

① 孙鹏，李世杰. 海洋经济与南海开发论丛 海洋产业结构问题研究［M］. 北京：中国经济出版社，2017.

可再生的生物电能资源。

可再生资源有可自我补充和恢复的特性。但是，可再生资源的养护和有效的可持续利用量取决于采捕行为和人类的管理活动。耗竭性资源可以按照 3 个不同的概念加以分类，即现存量、潜在储备量以及资源禀赋。现存量是已知的资源，开采活动可以按当年价格获取利润。潜在储备量取决于人们的支付意愿和技术上的进步，人们愿意支付的价格越高，资源量就越大，开采开发就更加有效，拟开发的潜在资源量就越大。资源禀赋是对资源自然发生的一个地质概念。有些耗竭性资源可再循环使用，但是不同资源的回收循环使用率是不同的。有些海洋资源到目前还没有商业开发价值，这是因为在恶劣海洋环境中开发这些海洋资源的技术装备成本太高。因此，与海洋相关的一些产业部门目前还不能与成本较低的陆上的类似产业部门相竞争，但在将来，一些海洋关联产业将可能与陆上类似产业部门相竞争。

从全球经济发展的角度看，海洋是未来世界最重要的自然资本。但是，人类绝不能像过去那样，认为海洋是一个取之不尽、用之不竭的具有弹性恢复能力的资源库。人类应以持续合理的海洋环境等条件监测为基础，对海洋资源实施管理目标清晰的管理和保护，这一点应引起每个地球人的关心和关注。因为，人类放任自由地、随意地开发开采海洋资源，有可能会破坏有价值的资源与采捕这些资源的技术和能力这两种状态之间的微妙平衡。

（三）海洋资源利用经济效益

1. 一般经济效果概念

关于经济效果和经济效益两者之间的关系问题，存在两种意见：一是两个名词完全相同；二是两个名词各异。效果一般都是指事物的结果，人们从事任何活动都会产生结果。结果有好坏之分、优劣之别。好的、优的效果即效益。经济效果是指经济上的结果。经济效益是指经济上所取得的有益结果。经济效益有总经济效益（毛经济效益）和纯经济效益（净经济效益）。纯经济效益是总经济效益同所花费用之差。反映总经济效益的指标有总产值、总产量、总收入；反映纯经济效益的指标有净产值、国民收入、纯收入（利润和税收）等。过去常把英文 Economic Efficiency 译为经济效果或经济效益，这是不够确切的，应翻译为经济效率。

2. 海洋资源利用效益的概念

海洋资源利用效益指开发利用海洋资源所得到的各种经济效益以及所产生的生态环境效益和社会效益的总称。由于海洋资源利用所带来的结果的多样性，全面了解海洋资源利用效益很有必要。海洋资源利用的核心是以较少的劳动消耗（包括劳动、资本的消耗以及环境的破坏）取得较多的劳动效果。由于海洋资源本身具有质量差异，海洋资源的利用水平也有高有低，在这种情况下，劳动成果往往也有很大的不同。在不同类型的海洋资源中，其经营水平与利用水平的高低不同，所反映出的经济效益也有着很大的不同。这就要求在海洋资源经济评价的基础上开展海洋资源利用经济效益的评价。

如今，人们对于海洋资源利用的效益的追求已经逐渐不满足于经济物质方面，而是逐渐扩大到生态环境以及社会方面。其中，社会效益就是指单位面积劳动消耗所提供的满足社会需求的效果。在开发利用海洋资源的社会效益时，要考虑到物质经济效益，也要考虑到非物质产品的效益。

海洋是生态系统的重要组成部分，具有十分重要的作用，因此，研究海洋资源利用经济效益时，必须重视生态环境的反作用。如研究海洋资源利用中劳动消耗与所引起特定的理化、生物参数变化的评价；海洋渔业资源捕捞中引起海洋物种增减变化；海砂资源的开采与利用造成部分海域海洋环境破坏严重，海水养殖损失重大，船舶航行安全和海底电缆、管道安全运营环境破坏严重。尽管海洋资源利用社会效益、生态效益评价难以准确定量化，但从长远着想，为了海洋资源可持续利用，应当进行海洋资源利用社会经济效益和生态效益评价。近年来学术界对海洋资源利用变化的海洋环境保护机制研究的关注，适应世界海洋环境保护发展趋势，更加体现了海洋资源利用的生态效益的重要意义。

3. 海洋资源利用经济效益评价理论

（1）评价原理

① 海洋资源报酬的含义

海洋资源是海洋自然资源和社会资源的总称。海洋自然资源大体上包括海洋水体资源、海洋国土资源、海洋生物资源、海洋动力能源、海洋矿藏资源、海洋空间资源、海洋旅游资源等七大类。海洋社会资源由涉海人口数、劳动力数量及智力构成和科学文化水平、畜力、机械、技术设备、资金、交通条件、

信息、管理等构成。

② 海洋资源边际报酬的变动原理

海洋开发实践中，在技术条件不变和其他生产要素投入固定的情况下，投入某一生产要素所获得的边际报酬，呈现出先递增后递减的变化趋势，人们把这种现象叫做“边际资源报酬递减率”。这一规律无论是在海洋开发实践中，还是在其他的生产实践领域都广泛存在。这主要是由于在多种资源因素中，存在着“多因素同等重要律”和“限制因素规律”。所以，对于生产资料的投入、技术措施或技术方案的推广，都要从总产量、平均产量、边际产量等几个方面进行考察，进行边际收益与边际成本的比较，以便做出有益的指导，提高经济效益。

（2）评价方法

海洋资源经济效益评价方法主要是海洋资源开发项目的可行性评价，主要包括静态评价法、动态评价法和综合评价法。

① 静态评价方法

所谓静态评价方法是指不考虑时间因素，对海洋资源开发活动的投资方案进行计量、分析和比较。

静态投资回收期法：这是利用投资回收期指标所做的分析方法，通过项目净收益来计算回收总投资所需的时间。一般投资回收期越短，投资经济效益越好；投资回收期越长，投资效益越差。投资回收期一般是从建设期开始算起。

投资效果系数法：投资效果系数法是资源开发投资经济效益评价的总和评价指标，它一般是指项目在一个正常的生产年份内年利润总额与项目总投资的比率。生产期内各年的利润总额变化幅度较大的项目应计算其生产期内年平均利润总额与总投资的比率。

② 动态评价方法

动态评价方法是以资金的时间价值为基础的评价方法，其实质是利用复利计算方法计算时间因素，进行经济效益判断。动态评价的主要方法有净现值、动态投资回收期和内部收益率等方法。

净现值法：净现值是指项目通过某个规定的利率，把不同时间点上发生的净现金流量统一折算到建设起点的现值之和。

动态投资回收期法：所谓动态投资回收期，是指按照给定的基准贴现率，投资方案所有净收益现值等于所有投资现值所需要的时间。

③ 综合评价法

综合评价法是对不同方案设置多项指标，通过“给分”进行综合评价和选优的一种数量分析方法。采用多项指标来分析某一资源开发方案的经济效益时，往往会出现不同指标所反映的结果不一致的现象，难以提出一个综合的数量概念。而综合评分法能把各个具体指标的情况综合起来，用一个数字表示方案的优劣，以便概括地进行评价。同时，许多无法进行量化的内容也可以通过综合评价法加以反映。

海洋资源利用经济评价的复杂性在于海洋资源是一种综合性的自然资源，其利用与其投资的经济效益之间存在高度相关性，海洋资源利用具有多样性，在不同的利用方式下其经济效益有很大的差异性。

（3）评价体系

在对海洋资源经济效益进行评价之时，需要运用一系列指标，要从某一个特殊的方面来对其进行评价，同时还要从整体全面的角度来对其进行综合评价。这一整套相互补充、相互联系的指标就构成了指标体系，共同对海洋资源的经济效益进行评价。

海洋资源经济效益评价指标体系是衡量海洋经济活动优劣的客观尺度。海洋资源经济效益指标体系应当反映海洋经济的全部内容，所选择的指标要能够体现海洋经济发展的科学内容，即海洋经济增长、海洋经济结构优化、海洋经济关系的改善、海洋经济制度的创新以及海洋经济发展的可持续性和协调性。

要评价海洋资源经济活动的效益，我们可以从产业分类层面进行评价。因为海洋产业经济效益是海洋资源开发经济效益的直接反映，对海洋资源经济效益进行评价必须以海洋产业为载体，才能够将海洋资源开发活动的优劣加以衡量。本书拟从海洋三次产业层面将海洋资源经济效益加以评价。根据海洋第一产业、海洋第二产业、海洋第三产业的不同特点，将海洋经济效益评价指标分为三个部分。

海洋第一产业资源以海洋渔业资源为开发主体，以渔业资源开发利用的经济效益作为衡量对象，以此构建出海洋第一产业资源开发的经济效益评价体系；海洋第二产业资源以海洋能源资源、海洋矿产资源为主体，以海洋能源资源、矿产资源开发利用的经济效益作为衡量对象，以此构建出海洋第二产业资

源开发的经济效益评价体系；海洋第三产业资源以海洋空间资源、海洋旅游资源等为开发主体，以海洋空间资源、海洋旅游资源开发利用的经济效益作为衡量对象，以此构建出海洋第三产业资源开发的经济效益评价体系。

（四）海洋资源部门间分配和再分配

1. 海洋资源部门间分配的一般原则

海洋资源一旦被投入人类社会生产活动，就成为任何社会物质生产部门的重要物质条件和基础。但是，海洋资源利用方式不同，海洋在不同部门中的作用不尽相同，在海洋行政管理部门中，海洋属于国土资源；在农业部门中，海洋资源则是不可缺少且无法代替的基本生产资料；在交通运输部门中，海洋只作为地基，作为场地，作为操作的基础来产生作用。我国自 1979 年以来，将市场机制的价值规律引入社会主义经济，从而在改善资源的配置效益和使用效益等方面已经取得了令人瞩目的进展。总结我国资源配置模式，即行政方式、市场方式和行政为辅市场为主方式在理论和运作结合上的实际表现，认识到无论何种资源配置模式，都必须达到两个相互联系的目标：合理地在各种竞争性用途之间分配稀缺资源；提高稀缺资源的使用效益。我国人均海域面积小，海洋资源稀缺性更为突出，国民经济每前进一步都伴随着海洋资源在部门间的分配和再分配过程。

因此，海洋资源部门间分配问题是资源配置的重要内容，首先，应从国民经济整体高度方面来研究解决。具体来讲，在为经济建设项目分配海洋资源时应本着节约的原则，在运作中既要考虑给有关海洋产业生产单位和个人带来的损失，又要估计到占用海洋资源对整个国民经济造成的不利影响。其次，要保证国民经济各部门中海洋资源利用的合理化，不断地提高其集约经营水平，以满足各个部门发展对海洋资源的追加需求。世界上不少国家都曾颁布法令规定城市建设用海的水平和强度，有效地克服了城市建设扩建单纯着眼于外延扩展的倾向。海洋资源部门间的合理分配要以国民经济中海洋资源利用效益为衡量对象来衡量，后者取决于来自海洋资源的收入占国民收入总量的比重，与投入相关部门的海洋资源、资金和劳动数量有着密切的联系。

社会生产的最终目的是在各项资源（其中包括海洋资源）最小消耗的条件下最大限度地满足社会需求。为了减少社会生产占用海洋资源的数量，除去行政、法律和技术等措施以外必须强化经济措施的功能。海洋资源经济保护是刺激海洋资源利用合理化的重要手段，是国家管理海洋资源和调整海洋关系措施体系中不可分割的组成部分。海洋资源经济保护的实质在于采用特有的经济杠杆如价格、税收、财政、信贷等来调节各地区、各部门、各单位和个人间的利益关系，以达到海洋资源合理利用和保护的目的。海洋资源经济保护宜从两个方面着手：一方面为体现保护海洋生态优先原则，寻找其数量表现，如制定占用海洋资源的技术定额，以便各部门、各单位占用海洋资源定额进一步优化和尽可能地利用质量低下的劣等海洋资源；另一方面对海洋资源实施国民经济评价，科学地确定海洋资源的货币价值，合理地计算海洋资源开发所带来的国民经济损失。

综上所述，社会生产中海洋资源利用优化结构，海洋资源部门间合理分配和再分配方案最终主要以增大海洋资源因素对国民收入的贡献和单位国民收入的海洋资源占用率为评价标准。

2. 海洋资源因素对国民收入增长贡献率

社会生产的综合成果的表述借助国民收入总量与其所需全部费用两项指标。全部费用是投入生产的人力劳动、生产基金和自然价值的总和。通过投入产出分析可以获得全部生产因素的总和经济效益以及其中各个因素的经济效益水平，还能计算出单位费用所获得的国民收入数量。社会生产综合经济效益指标可理解为各部门的国民收入与其所消耗的主要资源（海洋资源、劳力和资金）的加权总和之比，在此基础上应用柯布—道格拉斯（Cobb-Douglas）生产函数法进一步分解出海洋资源的那一部分国民收入，即海洋资源因素对国民收入增长的贡献份额。

3. 海洋资源部门间分配评价实证

海洋资源部门间分配是通过各个产业部门体现的。资源占用与资源消耗是两个不同的概念，既有联系又有区别。资源消耗是指利用过程中资源本身已不复存在（如原料、能源等）。而资源占用则指在利用过程中资源仍然存在（海域、劳力等）。一般来讲，对于不可再生资源宜用资源消耗，对于可再生资源宜用资源占用。严格地讲，两者又相互关联，占用中包含消耗，如机器设备占用过程中的磨损即损耗，同样，消耗也离不开占用，如原材料在消耗前必须先行占用。对于海洋资源而言，宜采用“占用”一词来表述。单位国民收入海洋

资源占用率是一项反映国民收入占用海洋资源数量的指标。我国海域辽阔，不同的用海类型对海域自然环境的要求不一。

二、海洋资源法律管理

（一）海洋资源法律管理概述

1. 海洋资源法律管理的概念

法是国家按照统治阶级的意志制定或认可的，由国家强制力保证实施的行为规范总和，是实现统治阶级意志的一项重要工具，用以调整人们之间的社会关系，从而达到维护统治阶级的利益和社会公共利益的目的。海洋法是法律体系中的一部分，是用以调整在海洋资源开发、利用和管理中人与人的关系的法律规范的总和。

海洋资源法律管理就是国家在海洋资源的管理过程中对法的调整机制的运用，即国家通过法律手段来调整以海洋为客体的各种社会关系。这些被用来调整以海洋为客体的各种社会关系的法律规范的总和，称为海洋资源法律。

海洋资源法律管理包括制定海洋资源法律、法规及其他管理制度，依法严格实施海洋资源管理法律，并依照法定职权和程序具体应用法律处理具体案件，即海洋资源管理法律的“立法”“执法”“司法”过程。我国现行海洋资源法律制度在维护国家利益和海域使用秩序方面发挥了重要作用，其主要的任务就是要依据海洋资源相关法律法规调整海洋关系，保护海洋资源，为海洋资源的合理保护、治理以及开发和利用创造良好的社会环境条件。

与其他法律一样，海洋资源法律也是由国家制定和认可的，由国家强制力保证实施的，不过，与其他法律不同的是，海洋资源法律管理调整的对象是以海洋为客体的各种社会关系，比如海洋资源保护关系、海洋资源利用关系、海洋资源管理关系、海洋资源使用权关系、海洋资源所有权关系等等。

2. 海洋资源法律的调整对象及调整方法

（1）海洋法的调整对象

海洋法的调整对象是以海洋为客体而产生的各种社会关系。这些社会关系主要可以分为三类。第一类是调整人类与海洋之间的关系，在这种关系类型之中，海洋法的调整对象主要以符合生态规律为前提，其目的是维护生态系统长远发展；第二类是以国家为主体行使海洋管理权的社会关系，这种社会关系类型中的调整对象的核心是国民经济综合体，其目的是维护海洋资源的社会主义公有制，合理保护、开发和利用海洋资源；第三类是不以国家为主体的，间接参与海洋管理的社会关系，其调整对象的基础是海洋资源的商品属性，以它为基础充分发挥海洋资源的资本功能，推动海洋生产力的不断发展，通常情况下国家通过行政管理间接地参与这一类海洋关系。海洋法所涉及的社会关系主要包括两种，即行政法律关系和民事法律关系，这两种关系在法律体系中扮演着至关重要的角色。

（2）海洋法的调整方法

由于海洋法的调整对象不同，海洋法的调整方法也不同，下面进行简要分析。

① 民事调整方法

在调整海洋资源财产法律关系的时候，采用的自愿、平等、有偿、等价等的法律调整手段就是民事调整方法。这种民事调整方法主要有以下几种表现。

在海洋资源财产法律关系中，各个主体都是平等的，不允许有某一方的法律地位超越其他人的法律地位。如国有企业向城镇集体企业转让海域使用权时，前者不得凌驾于后者之上。

当海洋资源财产法律关系进行设立、变更或终止时，双方当事人不得干涉对方意愿，也不得强迫对方，必须以双方当事人的真实意愿为依据，以确保法律程序的公正性和透明度。

在具体海洋资源财产法律关系的内容方面，双方当事人必须要遵循合理协商的原则，确定好双方的权利和义务，互惠互利、有偿交易、等价交换，双方都不能进行不平等的海洋资源使用权交易，也不能违背对方意愿无偿获取海洋资源的利益。

② 行政调整方法

在调整海洋行政法律关系时，行政调整方法指的是一种管理和监督的法律调整手段，以确保海洋行政法律关系的合理性和有效性。这种行政调整方式主要有以下几点表现：

在海洋行政法律关系中，被管理者要受到海洋行政管理机关的约束和监督，被管理者不得拒绝。

依据国家或社会公共利益的需要，海洋行政管理机关有权指示或命令管理者从事或者是限制某些行为，被管理者不得拒绝，必须要听从指示。

海洋行政管理机关指令被管理者从事某些行为时，海洋行政管理机关无需付出任何代价。

3. 海洋资源法律的体系

按我国现行的法律体系，海洋资源的法律体系包括以下几个层次：

（1）宪法

我国现行宪法没有对海洋资源的归属关系作出直接的规定。但是，海洋资源作为一种与土地资源有类似地位的自然资源，现行宪法对自然资源权属问题的规定同样适用于海洋资源。《宪法》第九条规定“矿藏、水流、森林、山岭、草原、荒地、滩涂等自然资源，都属于国家所有，即全民所有；　法律规定属于集体所有的森林和山岭、草原、荒地、滩涂除外。国家保障自然资源的合理利用，保护珍贵的动物和植物。禁止任何组织或者个人用任何手段侵占或者破坏自然资源。”第十条规定：“……国家为了公共利益的需要，可以依照法律规定对土地实行征收或者征用并给予补偿。任何组织或者个人不得侵占、买卖或者以其他形式非法转让土地。土地的使用权可以依照法律的规定转让。一切使用土地的组织和个人必须合理地利用土地。”第二十六条规定“国家保护和改善生活环境和生态环境，防治污染和其他公害。国家组织和鼓励植树造林，保护林木”[①]。

（2）法律

《中华人民共和国民法通则》为社会主义商品经济条件下的海洋资源立法提供了基本法律依据，全面规定了调整海洋资源财产法律关系的主要法律要求。该法规定了国家自然资源所有权、集体自然资源所有权的基本内容；规定了国家自然资源使用权和承包经营权、集体自然资源承包经营权制度；制定了土地相邻权制度；规定了海洋资源产权的法律责任制度[②]。

（3）海洋行政法规

海洋行政法规是海洋法规体系中的主要组成部分，通称“条例”“办法”或“规定”。近年来，国务院先后制定了《无居民海岛保护与利用管理规定》

① 全国人大常委会办公厅. 中华人民共和国宪法［M］. 北京：中国民主法制出版社，2014.

② 中华人民共和国民法通则［M］. 北京：中国政法大学出版社，1986.

《海域使用权登记办法》《中华人民共和国航道管理条例》《中华人民共和国海洋石油勘探开发环境保护管理条例实施办法》《中华人民共和国对外合作开采海洋石油资源条例》《中华人民共和国海洋倾废管理条例》《防治海岸工程建设项目污染损害海洋环境管理条例》《防治陆源污染物污染损害海洋环境管理条例》《矿产资源勘查区块登记管理办法》《海洋功能区划管理规定》《海洋自然保护区管理办法》等，针对不同领域的海洋开发、利用、治理和保护活动制定了相关规则[①]。

（4）地方性海洋法规

《宪法》第一百条规定“省、直辖市的人民代表大会和它们的常务委员会，在不同宪法、法律、行政法规相抵触的前提下，可以制定地方性法规。”据此，各省、市、自治区、直辖市的人大及其常委会均制定颁布了诸如《浙江省海域使用管理条例》《海南省红树林保护规定》《江苏省海岸带管理条例》《广东省渔港管理条例》《天津市海域环境保护管理办法》《青岛市近岸海域环境保护规定》等地方性土地法规，为解决本地区海洋资源保护的具体问题提供了法律规范。

4. 海洋资源法律关系

（1）海洋法律关系的概念和特征

① 海洋法律关系的概念

海洋法律关系就是指与海洋有关的权利与义务关系，人们在针对海洋资源进行开发、利用、保护、管理过程中需要遵循的一系列的法律规范。

② 海洋法律关系的特征

海洋法律关系并不是指人与海洋的关系，而是指人与人之间的关系，虽然这种关系的产生离不开海洋，或者说与海洋有密切关系，但不能由此认为海洋法律关系是人与海洋的关系。海洋资源作为受人支配的物，是不能作为社会关系的主体的。

海洋法律关系是在国家意志的指导下结成的，它体现了国家的意志，同时也体现了法律主体的双方之间的意志。不过，在海洋法律关系中，与国家意志相比，当事人的意志所起的作用是比较小的，它严格受到国家的控制。因为海

① 海域管理培训教材编委会. 海域管理法律法规文件汇编［M］. 北京：海洋出版社，2014.

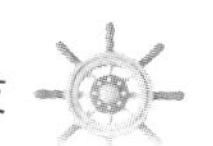

洋资源是人类生存和发展的重要物质基础，是宝贵而有限的自然资源，对它的利用是否科学合理，关系到整个国计民生和子孙后代的生存和发展。这是海洋法律关系区别于其他民事法律关系和经济法律关系的重要方面。

海洋法律关系是以权利义务为内容的。法是以规定社会关系参加者的权利和义务的方式来调整社会关系的。由海洋法律规范调整而形成的海洋法规关系，实质上就是一种有关海洋资源的权利义务关系。而且海洋是流动的，这就决定了国家对海洋的管理有特殊要求，即要求海洋关系参加者在建立、变更和终止海洋权利关系时，要采用书面形式，以确保海洋法律关系产生、变更和消灭的有效性和严肃性。

海洋法律关系是受国家法律保护的。海洋法律关系是依法确立的，它体现了国家的意志和要求，受到国家法律的保护。当事人双方权利的行使由国家法律来保障，义务的履行受国家法律的监督。在一方当事人不履行法定义务而使海洋法律关系遭到破坏时，另一方当事人有权请求国家法律的保护。

（2）海洋法律关系的构成

海洋法律关系的构成主要包括三部分，下面进行简要分析。

① 海洋法律关系的主体

海洋法律关系的主体是指海洋关系的参加者，即海洋法律关系中权利和义务的享有者和承担者。在海洋法律关系中，依据主体享有的权利与承担的义务可将其分为两类，即权利主体与义务主体，权利主体就是指享有权利的一方，义务主体就是指承担义务的一方。

任何法律关系都是双方或多方主体之间的权利义务关系。没有主体，海洋关系就无从谈起。但不同的海洋法律关系，其主体也不同。在我国，海洋法律关系的主体是非常广泛的，概括起来主要有国家、国家机关、社会组织、公民。此外，三资企业也可作为海洋法律关系主体参加海洋资源使用权法律关系，但它们是由专门法规来调整的。

② 海洋法律关系的内容

海洋法律关系的内容就是指主体的义务与权利。

不同类型的海洋法律关系，其具体内容有所不同，同一类型的海洋法律关系，因其主体、客体不同，其权利和义务的范围也有所不同。尽管海洋法律关系的内容是多种多样的，但是，一切法律关系的内容都取决于海洋资源所有权关系的内容。这是因为：一方面海洋资源使用权法律关系内容是由海洋资源所有权法律关系内容派生出来的；另一方面，海洋管理和保护性的法律关系内容从属于海洋资源所有权和使用权的法律关系内容，是这两种法律关系的直接延续和表现形式。因此，海洋资源所有权法律关系内容是构成一切海洋法律关系内容的基础。

③ 海洋法律关系的客体

在海洋法律关系中，权利与义务所指向的对象就是客体，主体向客体行使权利与履行义务。

目前，关于海洋法律关系的客体主要有两种说法。一种是物，另一种是行为，包括物、精神财富与行为。事实上，海洋法律关系的客体存在的形成多种多样，构成要素也是多种多样的，客体的具体形式主要与主体权利义务的性质和主体参加法律关系要实现的目标有关，比如海洋管理法律关系的客体是行为，在海洋资源使用权法律关系以及海洋资源所有权关系中，客体就是物。

（3）海洋法律关系的产生、变更和消灭

① 海洋法律关系的产生

海洋法律关系的产生是指由于一定的法律事实的出现，特定的海洋法律关系主体之间形成一定的权利义务关系。

② 海洋法律关系的变更

海洋法律关系的变更是指由于某种法律事实的出现，海洋法律关系的构成要素发生变化，包括主体变更、客体变更和内容变更等。海洋法律关系主体变更是指权利主体或义务主体发生变化，即由于某种法律事实的出现，海洋法律关系的权利主体或义务主体发生变化，它既可以是海洋资源数量、质量的变化，也可以是性质、范围的变化。海洋法律关系的内容变更是指主体享有的权利或承担的义务的性质或范围发生变化。

③ 海洋法律关系的消灭

海洋法律关系的消灭是指由于某种法律事实的出现，海洋法律关系主体之间的权利义务关系即行终止。

海洋法律关系的产生、变更和消灭之间存在因果关系。某一种海洋法律关系的产生，常常会导致另一种海洋法律关系的变更或消灭；某一种海洋法律关系的变更和消灭，又会伴随另一种海洋法律关系的产生。由于海洋资源本身的

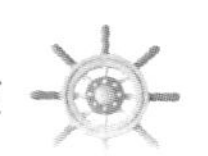

特殊性，海洋法律关系的产生、变更和消灭，一般都要依照法定的方式进行，要依法进行登记，履行法定程序。否则，不具有法律效力，不受国家法律保护。

（4）海洋法律关系的保护

海洋法律关系是依法建立的权利义务关系，它一经形成，就具有法律效力，受国家法律的保护。国家对法律关系的保护，是指通过有权机关的职能活动，对海洋法律关系参加者的行为进行引导、监督和协调，保护其合法性，并在发生纠纷时，通过法律程序及时予以解决，制裁违法者，保证海洋法律关系主体的权利得以实现，义务全面履行。

我国海洋资源保护法律体系由 5 个层次构成：宪法；法律；行政法规和其他规范性文件；地方性法规、政府规章和其他规范性文件；国际条例。由不同国家机关制定的、具有不同法律地位和效力的规范性法律文件，构成了我国海洋资源保护规范性法律文件系统，也是我国现阶段海洋资源保护法律渊源的主体。

海洋资源法和海洋环境保护法共同构成海洋环境资源法，两者相互联系、相互依存。因此，应将海洋资源法纳入环境资源法的范畴，在自然资源法框架内开展研究。

（二）我国海洋资源管理相关法律

中华人民共和国成立以来，党和国家十分重视海洋资源的保护和合理利用工作，开展了大规模海洋渔业的恢复、海洋盐业的恢复、沿海港口修整、海洋科学规划、海洋综合调查等工作，并针对我国海洋资源保护和利用中存在的问题，颁布了一系列的法律和行政法规，运用法律手段管理海洋资源开发利用的有关活动。其中主要的法规有《关于全国盐务工作的决定》《中华人民共和国海港管理暂行条例》《关于渤海、黄海及东海机轮拖网渔业禁渔区的命令》《森林保护条例》《关于沿海渔业情况和今后方针任务的报告》《中华人民共和国防止沿海水域污染暂行规定》。

1. 关于海域管理的法律规定

（1）《中华人民共和国物权法》（以下简称“物权法”）

“所有权”编第四十六条规定“矿藏、水流、海域属于国家所有”，这不仅丰富和完善了《宪法》关于自然资源国家所有的规定，而且有助于梳理海域国家所有的意识，防止一些单位或者个人随意侵占海域资源或造成海域国有财产流失。《物权法》在“用益物权”篇第 122 条专门规定“依法取得的海域使用权受法律保护”，进一步明确了海域使用权派生于海域国家所有权，是基本的用益物权[①]。

（2）《中华人民共和国海域使用管理法》（以下简称《海域使用管理法》）

《海域使用管理法》第三条第 1 款、第八条规定“海域属于国家所有，国务院代表国家行使海域所有权。任何单位或者个人不得侵占、买卖或者以其他形式非法转让海域。”“任何单位和个人都有遵守海域使用管理法律、法规的义务，并有权对违反海域使用管理法律、法规的行为提出检举和控告。”[②]

（3）《海域使用管理法》

《海域使用管理法》第二十三条、第二十八条规定“海域使用权人依法使用海域并获得收益的权利受法律保护，任何单位和个人不得侵犯。海域使用权人有依法保护和合理使用海域的义务；海域使用权人对不妨碍其依法使用海域的非排他性用海活动，不得阻挠。”“海域使用权人不得擅自改变经批准的海域用途；确需改变的，应当在符合海洋功能区划的前提下，报原批准用海的人民政府批准。”[③]

（4）《海域使用管理法》

《海域使用管理法》第四十三条规定“无权批准使用海域的单位非法批准使用海域的，超越批准权限非法批准使用海域的，或者不按海洋功能区划批准使用海域的，批准文件无效，收回非法使用的海域；对非法批准使用海域的直接负责的主管人员和其他直接责任人员，依法给予行政处分。”[④]

2. 关于海岛保护的法律规定

根据我国《宪法》和《物权法》等法律、法规的规定，有居民海岛可以纳入我国现有城市、乡村体系，适用现有相关物权法律、法规；对于无居民海岛，《中华人民共和国海岛保护法》（以下简称“海岛保护法”）第四条规定，“无居民海岛属于国家所有，国务院代表国家行使无居民海岛所有权”。据此，无居

---

① 法律出版社法规中心. 中华人民共和国物权法［M］. 北京：法律出版社，2015.

② 海域管理培训教材编委会. 海域管理法律法规文件汇编［M］. 北京：海洋出版社，2014.

③ 海域管理培训教材编委会. 海域管理法律法规文件汇编［M］. 北京：海洋出版社，2014.

④ 海域管理培训教材编委会. 海域管理法律法规文件汇编［M］. 北京：海洋出版社，2014.

民海岛作为一个专门、独立的资源类型和物权法意义上的物而设立独立物权。

海岛保护规划是从事海岛保护、利用海岛的依据，具体指导海岛生态和无居民海岛利用活动。《海岛保护法》第八条第1款、第九条、第二十三条明确规定“国家实行海岛保护规划制度。海岛保护规划是从事海岛保护、利用活动的依据”“国务院海洋主管部门会同本级人民政府有关部门、军事机关，依据国民经济和社会发展规划、全国海洋功能区划，组织编制全国海岛保护规划，报国务院审批。全国海岛保护规划应当按照海岛的区位、自然资源、环境等自然属性及保护、利用状况，确定海岛分类保护的原则和可利用的无居民海岛，以及需要重点修复的海岛等。全国海岛保护规划应当与全国城镇体系规划和全国土地利用总体规划相衔接。”“有居民海岛的开发、建设应当遵守有关城乡规划、环境保护、土地管理、海域使用管理、水资源和森林保护等法律、法规的规定，保护海岛及其周边海域生态系统。”①

为了科学合理开发海岛资源，《海岛保护法》明确规定：禁止改变自然保护区内海岛的海岸线；禁止采挖、破坏珊瑚和珊瑚礁；禁止砍伐海岛周边海域的红树林；国家保护海岛植被，促进海岛淡水资源的涵养；有居民海岛及其周边海域应当划定禁止开发、限制开发区域，并采取措施保护海岛生物栖息地，防止海岛植被退化和生物多样性降低；严格限制在有居民海岛沙滩采挖海砂；确需采挖的，应当按照有关海域使用管理、矿产资源的法律、法规法人规定执行。这样明确规定，将遏制海岛开发利用无序、无度、无偿的局面，有效保护海岛资源，维护海岛生态系统安全②。

3. 关于海洋渔业管理的法律规定

《中华人民共和国渔业法》（以下简称“渔业法”）第六条规定：国务院渔业行政主管部门主管全国的渔业工作。县级以上地方人民政府渔业行政主管部门主管本行政区域内的渔业工作。县级以上人民政府渔业行政主管部门可以在重要渔业水域、渔港设渔政监督管理机构。县级以上人民政府渔业行政主管部门及其所属的渔政监督管理机构可以设渔政检查人员。渔政检查人员执行渔业行政主管部门及其所属的渔政监督管理机构交付的任务。

国家对渔业的监督管理，实行统一领导、分级管理。海洋渔业，除国务院

① 海域管理培训教材编委会. 海域管理法律法规文件汇编［M］. 北京：海洋出版社，2014.

② 海域管理培训教材编委会. 海域管理法律法规文件汇编［M］. 北京：海洋出版社，2014.

划定由国务院渔业行政主管部门及其所属的渔政监督管理机构监督管理的海域和特定渔业资源渔场外，由毗邻海域的省、自治区、直辖市人民政府渔业行政主管部门监督管理。江河、湖泊等水域的渔业，按照行政区划由有关县级以上人民政府渔业行政主管部门监督管理；跨行政区域的，由有关县级以上地方人民政府协商制定管理办法，或者由上一级人民政府渔业行政主管部门及其所属的渔政监督管理机构监督管理。

《渔业法》规定：禁止使用炸鱼、毒鱼、电鱼等破坏渔业资源的方法进行捕捞。禁止制造、销售、使用禁用的渔具。禁止在禁渔区、禁渔期进行捕捞。禁止使用小于最小网目尺寸的网具进行捕捞。捕捞的渔获物中幼鱼数量不得超过规定的比例。在禁渔区或者禁渔期内禁止销售非法捕捞的渔获物。禁止捕捞有重要经济价值的水生动物苗种。禁止围湖造田[①]。这样的明确规定，对于渔业资源的增殖和保护是非常必要的。

各级人民政府应当采取措施，保护和改善渔业水域的生态环境，防治污染。渔业水域生态环境的监督管理和渔业污染事故的调查处理，依照《中华人民共和国海洋环境保护法》和《中华人民共和国水污染防治法》的有关规定执行。

4. 关于海洋环境保护管理的法律规定

海洋环境法是由国家制定或认可，并由国家强制力保证执行的关于保护和改善海洋环境，保护海洋资源，防治污染损害，维护生态平衡，保障人体健康，促进经济和社会可持续发展的法律规范的总称。《中华人民共和国海洋环境法》（以下简称“海洋环境法”）第五条第 2 款规定：国家海洋行政主管部门负责海洋环境的监督管理，组织海洋环境的调查、监测、监视、评价和科学研究，负责全国防治海洋工程建设项目和海洋倾倒废弃物对海洋污染损害的环境保护工作。

为了切实实施海洋环境的管控制度，《海洋环境法》第七条第 1 款、第八条规定：“国家根据海洋功能区划制定全国海洋环境保护规划和重点海域区域性海洋环境保护规划。”“跨区域的海洋环境保护工作，由有关沿海地方人民政府协商解决，或者由上级人民政府协调解决。跨部门的重大海洋环境保护工作，由国务院环境保护行政主管部门协调；协调未能解决的，由国务院作出决定。”

---

① 深圳市农林渔业局. 海洋与渔业常用法律法规汇编［M］. 深圳：深圳市农林渔业局，2003.

《海洋环境法》第二十条规定“国务院和沿海地方各级人民政府应当采取有效措施，保护红树林、珊瑚礁、滨海湿地、海岛、海湾、入海河口、重要渔业水域等具有典型性、代表性的海洋生态系统，珍稀、濒危海洋生物的天然集中分布区，具有重要经济价值的海洋生物生存区域及有重大科学文化价值的海洋自然历史遗迹和自然景观。对具有重要经济、社会价值的已遭到破坏的海洋生态，应当进行整治和恢复。”

《海洋环境法》第二十四条、第二十五条、第二十六条规定“开发利用海洋资源，应当根据海洋功能区划合理布局，不得造成海洋生态环境破坏”“引进海洋动植物物种，应当进行科学论证，避免对海洋生态系统造成危害。”“开发海岛及周围海域的资源，应当采取严格的生态保护措施，不得造成海岛地形、岸滩、植被以及海岛周围海域生态环境的破坏。”①

沿海地方各级人民政府应当结合当地自然环境的特点，建设海岸防护设施、沿海防护林、沿海城镇园林和绿地，对海岸侵蚀和海水入侵地区进行综合治理。禁止毁坏海岸防护设施、沿海防护林、沿海城镇园林和绿地。

第三节　中国海洋资源开发现状分析

一、我国海洋矿产资源开发利用现状

（一）开发起步但规模有限

我国滨海地区蕴藏着丰富的砂矿资源，目前已探明 60 余种不同的矿种，预计地质储量高达 1.6 万亿吨。随着沿海地区工农业生产发展和人民生活水平提高，我国对矿产资源的需求量越来越大，因此开发沿海砂矿资源，十分有必要。但是根据现有技术经济条件，大部分具备工业价值的滨海砂矿的开采规模相对有限，其中仅有 10 余种规模较大，比如铬铁矿、钛铁矿、磷钇矿、锆石、金红石等。

① 海域管理培训教材编委会. 海域管理法律法规文件汇编［M］. 北京：海洋出版社，2014.

（二）海洋油气开发已成重点，但主要局限在浅水区

海底矿产资源中，海洋油气资源的勘探开发规模和价值均居于首位，然而其起步相对较晚。随着石油工业的发展，世界上许多国家都把海洋油气资源作为重要能源来开发利用。海洋油气的勘探与开发所需的成本和石油价格等因素，是决定其开发价值的主要因素。我国海上油气田勘探开发的成本与国外相比有较大差距，其中最重要的原因是我国缺乏相应的技术支撑。尽管海上油田的建设成本相对于陆上而言高出 3～5 倍，但考虑到海洋油汽资源储量通常较大，因此其单位成本并不算高昂；另外，海洋油气资源在勘探开发中的价格长期保持高位，这也使得海洋油气资源的勘探开发具有较大的价值。

（三）天然气水合物的开发正处于初期研究阶段

在海底的岩石中埋藏着一种名为天然气水合物的物质，相较于石油和天然气，它的开采和运输难度较大，迄今为止还没有找到一种比较完美的开采方案。因此，目前天然气水合物的开发仍然处于初期研究阶段。

开采天然气水合物既有其有益的一方面，也有其不好的一面。天然气水合物甲烷含量占 80%～99.9%，燃烧污染比煤、石油、天然气都小得多，而且储量丰富，全球储量足够人类使用 1 000 年，因而被各国视为未来石油天然气的替代能源。一方面，天然气水合物中有甲烷，在开采过程中，如果操作不当使其受到破坏或者是发生泄露，天然气水合物就会迅速分解，甲烷就会挥发到气体中，引起温室效应。而且，相比于二氧化碳，甲烷产生的温室效应影响程度更加大。另外，在对天然气水合物进行开发之时，若开发不当则会出现井喷事故，从而造成海水汽化，进而引发海啸等灾害。因此，天然气水合物或许是导致地质灾害的主要元凶之一。在海洋中，天然气水合物的存在对于沉积物的强度具有至关重要的影响，因为它是沉积物中不可或缺的胶结物之一。天然气水合物的生成和分解过程会对沉积物的强度产生影响，从而引发海底滑坡等地质灾害。

二、我国海洋能开发利用现状

海洋中蕴含着各种可再生能源，如波浪能、潮汐能、海流能、温差能、盐差能、离岸风能等，这些海洋中的可再生资源的总称就是海洋能。随着社会经

济的发展和人民生活水平的提高，人们对海洋能的需求也越来越大。目前，我国的海洋能源利用以发电为主，从海洋发电的多个方面来看，海洋能源开发呈现出一系列的特点。

（一）我国海洋能储量丰富、开发潜力巨大

我国拥有广袤的海域，延绵不绝的海岸线和众多的岛屿，其中蕴藏着丰富的海洋能资源，其开发前景不可限量。福建和浙江沿海地区是我国海洋能源的主要聚集区域。中国海流可开发资源量大约为 1 400 万 kW，其中浙江沿岸的海流开发资源要占到全国的一半以上，资源十分丰富，福建、台湾、辽宁等省份沿岸大约占全国海洋资源总量的 42%。另外，我国的波浪能、温差能、盐差能、生物质能、风能也十分丰富。我国的波浪能已经有了较多可以开发利用的区域，目前可开发的资源量大约有 1 285 万 kW。在各类海洋能之中，温差能资源蕴藏量居第一位，大约有超过 13 亿 kW 的资源量待开发。我国的盐差能资源也十分丰富，并且分布比较集中，大约有 1 250 万 kW 的资源蕴藏量。而且，我国海洋内有大量的生物种群以及大量的藻类，比较适宜开发海洋生物质能，海上可利用的风能也十分丰富，其中山东、江苏、福建等地的风能最为丰富。总体来说，我国拥有丰富的海流能和温差能资源，其能量密度在全球处于领先地位；我国拥有丰富的潮汐能资源，处于全球中等水平的范畴。波浪能和盐差能的资源开发价值，开发利用前景广阔。离岸风能和海洋生物质能资源蕴含着巨大的开发潜力，值得我们深入挖掘。

（二）我国海洋能发电已初具规模

从开始进行海洋能研究开发至今，我国的海洋能发电已经初具规模，海洋能源工业迅速崛起，相比于之前，波浪能的相关研究已经到达示范试验阶段，同时也取得了一定的成果，海流能、盐差能利用正在进行关键技术研究并取得了一定的突破。我国海洋电力产业正以稳健的步伐蓬勃发展，这是我们不懈努力的结果。

（三）我国海洋能开发具备了一定的技术积累

目前，我国海洋能开发具备了一定的技术积累，比如，目前，我国的波浪

能发电技术正处于示范试验的探索阶段，并且取得了一系列的科研成果与发明专利，国内波浪能发电企业在研发、生产等方面都有很大发展空间。比如，小型岸式波力发电技术已跻身于全球领先地位；用波浪能发电装置来进行发电的10 W航标灯已经成功开始商品化；40 W的漂浮式后弯管波浪能发电设备，已成功出口至国际市场，达到了领先水平，等等。我国首个漂浮式波浪能发电站，由广州海电技术有限公司研制并已开始建设。相比于波浪能发电技术，我国潮汐能发电技术已经达到了相对成熟的阶段，其中江厦潮汐能试验电站已经实现了并网发电和商业化运营，为潮汐能行业的发展注入了新的活力。此外，还有一些新型海洋能源也正在开发之中，我国海洋能利用领域的研究取得了巨大的进展，技术水平也在不断提高。

经过三十年的深入研究和不断探索，我国在海流能利用方面已经取得了显著的技术进步和丰富的实践经验。目前，国内已有多个项目在进行试验和运行验证工作。10 kW级潮流发电装置处于示范阶段，已进入世界先进行列，有利于我国海流能开发利用的规模化、商业化发展。我国水轮机的性能研究已经达到了国际领先水平，展现出了令人瞩目的技术实力。

目前，除了这些令人瞩目的技术之外，针对海水盐差能、温差能等其他海洋能形式的研究与开发，仍处于实验室原理试验的探索阶段。尽管我国在海洋能开发方面的技术起步并不算早，但已经掌握了一些成熟的技术，另外还有一些技术在国际上仍具有相当的影响力。海洋可再生能源开发利用已经形成了初步格局，打下了良好的技术基础。但是，目前海洋能开发利用的技术方面还存在着局限性，对温差能和盐差能的研究较为有限，缺乏全面性；在能量转换和能量稳定方面，我们需要突破关键技术，提高技术的应用转换率，促进其商业开发进程不断向前发展。

（四）我国海洋能开发逐渐受到重视

自《可再生能源法》颁布以来，我国海洋能开发逐渐受到重视，也迎来了越来越多人的关注。随着国家一系列法规、政策的推动，我国的海洋能研发呈现出蓬勃发展的态势，相关学术研究也逐渐增多，一些传统能源集团纷纷表达了对海洋能的浓厚兴趣，同时，各种海洋能技术相关的研发民营公司也开始崭露头角。

在对海洋能源进行深入调研的基础上，国家海洋局明确了以下重点投资方向：推进海洋能开发利用关键技术产业化规范、开展海洋能独立电力系统示范工程、建设海洋能并网电力系统示范工程、制定标准并建设支撑服务体系、开展海洋能综合开发利用技术研究与实验。目前，我国加大了对海洋能资源开发的投入力度，贯彻实施《可再生能源法修正案》，从而促使海洋能源开发和利用不断地良性循环发展。

（五）我国海洋能发展中的主要问题

目前，我国海洋能源的发展中还存在着许多问题，比如电能的稳定性问题，发电成本居高不下，技术水平尚不够先进和成熟等等，这些因素使得我国海洋能源开发利用面临许多挑战。要解决这些问题，就要搞清楚这些问题出现的深层原因是什么，然后依据原因去进行改进。通过研究分析可知，这一问题出现的根源在于国家政策未能给予足够的支持。

1. 需要国家强有力的政策支持

海洋能源的发展离不开国家政策的支持，只有国家大力支持海洋能源的开发利用，才能更好地促进海洋能源的发展。这主要是因为海洋能源的开发利用有以下几个特点。首先，海洋能源的储量巨大，但是分布不均，能流密度低，在对海洋资源进行开发利用时应用难度较大，稳定性不高，而且经济性欠佳，利用效率也不尽如人意。这些特点决定了其商业化开发难度较大，难以吸引到私人投资者，因此，国家必须加大对该领域的研发扶持和投资力度，以推动其发展。其次，在海洋能开发利用发电之时，其所需要的发电设施建设周期比较长，而且固定成本投入也比较大，每一单位的电量价格比较高，同时，海洋能开发过程中存在着许多不确定性因素，这给海洋能项目的成功运行带来了很大障碍。其对企业和私人投资者的吸引力有限，因此政府必须提供必要的支持，以确保海洋能的实际利用得以顺利实现。再次，由于海洋能通常分布于各个海域，而这些海域往往分布于不同的省市行政区域，在对海洋能进行开发管理之时，政府行政管理之间不可避免地发生交叉和摩擦，在这种情况下，往往就需要政府的统一管理，因此需要建立统一的政策协调机制。最后，海洋能属于新能源的一部分，而作为国家战略的重要组成部分，新能源开发需要中央政府制定中长期发展规划，并统一制定法律法规以规范各方面的权利和义务，从而实现国家整体和长远利益，因此，海洋能的开发往往与政府有着很深的联系，需要国家强有力的政策支持。

2. 海洋能开发利用中的许多问题暴露国家政策支持力度的匮乏

（1）缺乏海洋能开发利用整体规划

目前，在我国海洋能开发利用过程中，缺乏海洋能开发利用的整体规划。政策支持的缺失导致海洋能源发展的方向不明确、动力不足，这是海洋能开发利用的整体规划缺失的主要表现。目前，在全球范围内，一些发达国家在制定本国或区域海洋能发展规划时都考虑到了该问题。比如，美国、英国和日本等国家都制定了各自独特的海洋能源发展计划，例如英国的海洋能源行动计划、欧盟的“焦耳计划”、日本的“阳光计划”等等，这些计划极大地推动了这些国家的海洋能源研发和利用。我国政府在海洋能开发利用中需要注意到这个问题并加以改进。

（2）缺乏全面、详细、可操作的法规和政策

尽管我国已经制定了海洋能开发利用的某些法律法规，但是并没有比较细致、全面地深入其中，缺乏详细的法规与政策的支持和指导，因此其可操作性并不强。

（3）缺乏统一、协调的海洋能管理机制

我国海洋能开发利用还缺乏统一、协调的海洋能管理机制，这使得海洋能开发利用无法统一集中管理，整体的行动效率不高。

第一，海洋往往流经多个行政区域，而对同一海洋的管理往往需要多个行政区域共同实行。在我国的海洋管理过程中，陆地与海洋是分离的，它们并不属于同一个部门管辖。这种行政分割、海陆分割严重影响了海洋能的开发与利用。由于分割式的管理体制，海洋能开发管理过程中很容易出现跨区管理、重复管理、多头管理等现象，另外还有可能出现管理越位、管理缺位等现象，这不利于海洋能的开发管理项目的正常进行。

第二，海洋能开发利用过程中往往涉及多个部门与环节，比如在前期发电过程中要涉及相关技术发电部门，在后期送电过程中还要涉及电网部门，消费者用电缴费之时还要涉及市场部门等等，多个部门与环节的有效衔接才能有力促进海洋能的整体开发与利用，才能形成合力，促进其发展。但是，在现实生活中，这些职能部门之间的具体操作却并不容易，海洋能开发的“集体行动”

也难以顺利实施。

第三，地方政府与国家政府的利益协调机制不完善也会出现很多问题，有一些地方政府为了经济利益，可能会将适合海洋能开发的岸线与土地审批给其他开发商，在这种情况下，海洋能的天然站址就会遭到破坏，不利于海洋能的后续开发与利用。

（4）缺乏稳定、持续的资金和技术支持

在海洋能开发利用过程中，需要大量的、持续的资金投入与技术支持，以确保海洋能顺利地被开发利用。尤其是在开发初期，其需要的资金投入格外高。但是，我国政府在海洋能开发利用过程中，在资金与技术支持上都没有给予良好条件，国家并没有给予海洋能开发利用足够的专项研究经费，导致研发水平比较落后，制约了人才的引进，也限制了海洋能开发利用技术水平的提高。

（5）缺乏对民营等非国有资本投资海洋能开发的鼓励措施

目前，在电力能源领域，国有企业一直处于垄断地位，其他私人、外资、民营企业即便具备了进入电力能源领域的资格，但是由于海洋能前期投资资金金额巨大、开发管理工期十分长，而且回报率也并不是很高，他们往往不敢踏入这个领域。而且，我国也缺乏对民营等非国有资本投资海洋能开发的鼓励措施，这也就使得他们在面对海洋能开发之时更加没有信心。

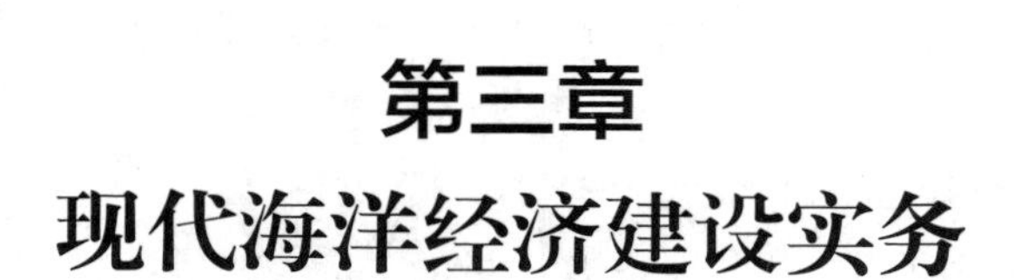

第三章 现代海洋经济建设实务

本章的主题是现代海洋经济建设实务，主要从三个角度展开论述：海洋经济发展战略、中国海洋区域经济发展研究、中国海洋经济高质量发展策略。

第一节　海洋经济发展战略

一、蓝色海洋经济发展理念

蓝色理念是一套关于人与经济、自然、社会全面、协调发展的系统理论。是一套关于海洋可持续发展的系统理论。

（一）蓝色意识观

1. 强化蓝色海洋意识

我国一直是一个大陆国家，由于近代海禁政策和闭关锁国政策的实施，我国的海洋事业经历了一段曲折而漫长的发展历程。近年来，我国海洋法治建设缓慢，海洋开发技术研究长期滞后，在我国本身拥有和应该拥有的海洋权益上，缺乏充分的宣传教育，进而使得大众群体对海洋的认知十分缺乏，并表现出淡漠的态度。因此，宣传海洋文明、增强海洋意识，乃是当务之急。海洋意识应集中于一点，就是建设海洋经济强国，这是我国海洋发展战略的最高目标。我

国海洋科技离发达国家还有较大的差距，因此我们必须强化海洋意识，抓住机遇，实现跨越式发展，力争到21世纪中叶把我国建成海洋强国。

2. 蓝色意识观的发展演变

人们对于海洋的认识有一个漫长的过程。海洋的客观存在，必然会在人们的思维中显现，引发人们对海洋的认知，这种认知被称为海洋观念或海洋观，在更广泛的层面上也可被称为海洋意识。这种对海洋的认知必然会引发人们对海洋做什么、怎么做等一系列问题的思考，从而推动人们采取一系列探索、利用和征服海洋的行动。因为海洋观念和海洋实践之间存在着紧密而重要的联系，所以在研究海洋与政治经济军事关系时，必须对海洋观念的问题进行深入探讨，以促进海洋观念的转变和实践不断前进。通过研究海洋观念的演变，我们可以探究人类对海洋的认知是如何发展的，这种演变对人类的海洋活动产生了何种影响，从而为分析海洋与政治、经济、军事之间的关系提供重要的基础。

人类海洋观念的演变经历了多个阶段，首先，关注主流观念的发展，海洋观念因个体差异而异。然而，作为一种社会观念，总有一种主流观念处于支配地位，它并不排斥更为先进或远远落后的非主流思想；其次，聚焦于观念发展中的本质性跨越，因为观念的发展是量变到质变的发展规律；最后，在海洋观念的三个发展阶段中，并没有后一阶段否定前一阶段的现象，而是在主流观念的飞跃中蕴含了前一阶段的观念，从而将新的观念推向了更高的境界。

3.“海洋国土”的新概念

在其海洋专属经济区内，沿海国家享有对所有自然资源的主权权利，包括经济开发和勘探的主权权利，以及建造和使用人工岛屿、设施和结构的主权权利，同时还拥有对海洋科学研究和海洋环境保护的管辖权。在主权国家的专属经济区内，主权国家有飞越、航行和铺设海底电缆与管道的自由，同时在领海内的主权和利益同样也归主权国家享有，且主权和利益是相同的。因此，国家在海洋专属经济区和领海的主权和利益只是有一定程度上的差别，没有本质上的区别，因此在一定程度与意义上海洋专属经济区可以被视为国家的海洋领土。根据《联合国海洋法公约》的规定，大陆架制度指的是从领海以外一直延伸至大陆架外缘的海床和底土，包括陆架、陆坡和陆基在内的所有海底区域。因此，在大陆架内的矿物资源与非生物资源属于沿海国家所享有，并可以进行勘探与开采。大陆架宽度按领海基线计算，通常不大于200海里，有些大陆架界限可达200～350海里。因此，大陆架也是国家主权和利益的重要组成部分，应当被视为国家拥有的海洋国土。

海洋国土是由海洋与国土两个词语组成的新词语，是广义上的国土。海洋国土是国家主权管辖的领海、大陆架与海洋专属经济区的统称，也说明了海洋国土是具有国土性质的海域和在海洋上的国土。

（二）蓝色生态观

1. 蓝色生态伦理

在20世纪，人类的科技水平达到了前所未有的高峰，这也极大地提升了人类对自然的征服和改造能力。如果现代技术没有道德力量的约束，那么技术中的任何一种力量都能造成毁灭性的破坏特征。自20世纪以来，人类一直在面临着一场生态危机，这场危机的根源在于毁灭性力量的表现。尽管人们竭尽所能地尝试缓解和消除生态危机，然而危机的恶化并未得到缓解，反而愈演愈烈。这种现象的根本原因在于我们缺乏必要的伦理意识，而不是缺乏技术能力。

2. 蓝色生态环境是特殊的经济增长点

在城市建设中，应将环境视为一种独特的生产力和经济增长点，通过调整经济结构，加大环境保护力度，打造环境保护的典范城市。在实现经济、社会和环境协调发展的初步阶段，我们已经开始朝着生态型城市的方向迈进。实践证明，改善环境质量可以带来多种经济和社会效益，从而使环境成为城市发展中一种独特的生产力和经济增长点。

城市的知名度和社会影响力得到提升，得益于其优美的蓝色生态环境，这为城市实施外向型经济提供了有利条件，不仅吸引了大量外商投资，还推动了经济的快速增长。由于我国优美的自然环境和良好的基础设施，吸引了国内外商家的目光，众多跨国企业如朗讯、安普、松下、可口可乐、家乐福等纷纷来到中国投资，促进了经济的快速增长。由于近岸海域的生态环境得到了有效的保护，因此形成了一个常年不淤不冻的深水良港，这为“以港兴市”战略的实施提供了必要的基础条件。海洋经济的健康发展离不开良好的生态环境，而城市环境的改善则为旅游业带来了迅猛的增长，同时也为扩大内需、拉动消费和

增加就业创造了积极的条件。

随着城市环境的改善，房地产业也呈现出一种蓬勃发展的态势。随着城市改造和大规模开发的推进，以棚户区为主要对象的城市生态环境质量得到了显著改善，同时环境污染控制和治理力度也得到了加强，城市地价明显上涨。市民的生活质量和基本素质得到提升，社会凝聚力得到增强，城市可持续发展战略的实施得到了最基本的保障，这一切都归功于优美的环境。

在实践中，人们已经认识到，一个优美的蓝色生态环境不仅是一种独特的生产力和经济增长点，同时也是环境保护、社会发展和经济建设相互制约和相互促进的重要因素，三者之间可以实现协调发展的目标。为了充分发挥环境作为特殊生产力和经济增长点的功能，我们在积极发展经济的同时，也需加强环境保护建设，积极探索出一种在开发中保护、在保护中开发的全新模式，以创造一个优美的环境。

3. 蓝色人文环境建设

以实证科学的研究成果为基础，从人文学的角度出发，对可持续发展的路径进行人文价值思考和人文理性分析，以人为出发点和归宿点，在运行机制和操作层面上揭示可持续发展实施过程中所涉及的人学问题，具体而言，主要涵盖以下方面：一是探究可持续发展路径的人学环节。从人学的视角来看，可持续发展之路的构成要素包括人类需求、人类利益以及人类能力这三个至关重要的方面。在这三要素的基础上可以看出可持续发展的深层本质，只要能掌握住这三个要素，就能把握住可持续发展的实施关键；二是为了实现可持续发展，积极研究人学条件。从人学层面看，实现可持续发展的先决条件是人类要有一个科学合理的消费观念与模式；实现可持续发展的关键是人们要有正确的利益观念，要对有关自己的利益结构与利益关系进行调整与优化；实现可持续发展的根本之处在于人们要不断提升自己的素质能力；三是为了可持续发展能够良好推进，需研究人学策略。人学策略主要包括人文环境建设策略、公众参与策略、人力资源开发策略等。在人学的角度下对可持续发展的途径进行研究，能将可持续发展途径的经验实证分析，提升到人文理性反思和人文价值关怀的高度，从而使人们在主体认知和价值观念层面上，真正形成对可持续发展的一致意见，把握持续发展中存在的深层次问题，为我国在新世纪的可持续发展战略的实施作出重要贡献。

（三）蓝色国防观

当代沿海国家的国土已经开始向海洋延伸，这也意味着沿海国家的主权和利益正在向海洋领域延伸，这是因为新的海洋观念的出现，使得国土观也有了新的改变。对于这些延伸至海洋深处的领土，沿海主权国必须思考如何行使主权和获取利益，同时也必须思考如何维护这些海洋领土上的主权和利益，因此必须考虑国家在海洋领域的防御问题。这样一来，沿海国家的国防意识必然会得到更新和提升。主要体现在国防的新前线、海防的新使命和国防建设的新重点三个方面。

1. 国防的新前线

陆地的边界线与海岸线曾是沿海国家的国防前线，但随着领海的出现，领海外侧线渐渐成为了海洋中的国防前线。由于海岸线宽度以海岸火炮的射程为限，而海上的防御区域主要是领海，因此海洋方向的国防工事和兵力主要部署在海岸线上，即大陆和岛屿的海岸线一带。当然，在作战防御过程中，考虑到海岸、领海和海上交通线的安全需求，机动兵力可能会向更遥远的海域展开行动。为了维护国家主权的完整性和安全，国防前线在海洋方向中应当位于领海的外侧线。这种情况在新海洋观念产生新国土观后有所转变，随着国土观中海洋方面延伸至 200～350 海里，即由专属经济区外侧延伸至“海洋国土”外侧线，国防前线也要随之延伸，否则将无法享有海洋权益，也无法守卫海洋国土。因此，沿海国家的现代国防的防御新前线应是大陆海岸与岛屿海岸的领海基线以外的 200～350 海里的海面上，而不是海岸线和领海外侧线。

2. 海防的新使命

随着新的国防前线的出现，海防的使命变得更加重要。过去，沿海国家的海防主要任务是保护大陆和岛屿，而海防则被誉为守卫万里海疆的海上长城。随着时间的推移，海防的形势变得更加错综复杂。首先，海防的范围在不断扩大，这就使得守卫的范围不断扩大，不仅要保护沿海的陆地国土，更要保护广袤的海洋国土；其次海防难度加大，以往保卫沿海陆上及领海相对来说较为容易，这是因为离岸较近、水的深度较浅，如今则需在海洋国土外侧线进行防御，不仅远离海岸线，且海水较深，加上这里的防御必然为 360° 全方位的防御，不仅要防御天上和水上的空间，还要防御水下和海底的空间，其防御难度大大

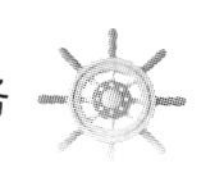

增加。如从我国南海的海洋国土防御来看，前线距离大陆 2 000 多千米，水深普遍在 1 000 m 以上，海情与气象以及周围情况都特别复杂，防御的艰难更加明显[①]；最后是加强对海洋岛屿的防御，因为这些岛屿的新价值可能会被周边国家“侵占”，从而威胁到海洋领土的安全。因此，国家需要特别加强对边缘岛屿、礁石、暗滩和暗沙的防御。从以上三个方面可以推断，现代海防的使命已经发生了重大变化，这是一项新的、更为重要的任务。

3. 国防建设的新重点

为了履行新的海防使命并保卫海洋领土，沿海国家必须高度重视现代海防力量和现代海军力量的建设，这是极为重要的。若海上力量不足，特别是缺乏一支强大的海军，海防将无从谈起。现今的海防已不再依赖于单一的海岸要塞、大炮和陆上兵力，而是需要由多个兵种组成的海军，这些海军能够远程活动，具备现代作战能力，并且还需要各种海上非武装力量作为后备军。现代海军与多种海上力量的建设是一项极具挑战性的任务，需要高超的科技水平、巨额的经济投入、漫长的周期以及对人员素质的高度要求，若不将其作为重中之重，将难以实现良好的建设成果。因此，在现代沿海国家的国防建设中，加强海防力量，特别是海军力量的建设，已成为一项至关重要的新任务。

（四）蓝色军事空间观

军事活动空间与人类的活动空间有着紧密的联系，自古以来，海洋始终是军事活动的空间。伴随着人类海洋观念和海洋军事活动的逐步发展，人们渐渐认识到海洋空间的重要性，了解到海洋才是人类生存和发展的重要空间，海洋也必将是军事活动的新空间。具体体现在以下几方面：

1. 海洋上军事活动的范围扩大

在经营与开发新海洋国土的背景下，关于国土的戍守问题也随之而来。海上军事活动在国防的需求下逐渐扩大其空间。为了能防御新海洋领土，国家在海洋方面的军事活动范围仅仅在海岸带、领海内、海上交通线和点状目标是不够的，必须延伸至专属经济区和大陆架海域，同时还要防御海域上的天空和水下、海底的空间，戍守区域要由点、线扩展至面的整体。

① 胡志勇. 中国海洋治理研究［M］. 上海：上海人民出版社，2020.

2. 海洋上军事斗争的强度加大

对于任何一个沿海国家而言，新的海洋领土意味着需要承担更多的海防任务，同时也意味着海上军事活动的强度将会增加。随着《联合国海洋法公约》的诞生，全球范围内形成了围绕海洋的局面，引发了相邻沿海国家之间关于海洋国土划分的新问题，且这些问题愈演愈烈，其中包括海洋资源、海区划界和岛屿主权等方面的争议和争夺。在当今和平年代，海洋的军事对抗已经达到了前所未有的强度，有些海域的军事对抗已经远远超过了陆地的对抗。

3. 海洋上的战争威胁增强

自人类开始把海洋作为生存与发展的主要空间之后，有些国家便开始利用海洋来获取更为广阔的生存空间，并把公海大洋都看成是其所拥有的。与此同时，随着科学技术现代化和武器装备发展，一些国家开始利用广阔的海洋空间企图发动战争，将大量军事力量和战略武器部署到海洋中去，形成了强大的海上战略威慑力量；因此，在当今时代下，海洋已经成为了危险的地带，严重威胁着世界和平。而海洋上的战争威胁不仅长久难以消除，反而会有渐渐增强的趋势，其威胁强度已经远超陆地上的战争威胁。

4. 武器和战争技术的发展，使得海洋具有更大的军事运用价值

随着人类社会的不断进步，武器和战争技术也在以惊人的速度发展，如今，陆地上的任何一个角落都有可能在战争中遭受攻击。由于海洋空间十分广袤，因此海洋空间成为了防御进攻和隐蔽的优良场所，人们也将海洋视为一种全新且极具优势的军事活动场所。因此，海洋在军事领域的应用价值得到了更为广泛的挖掘和利用。

二、蓝色海洋经济发展战略

（一）全球性的蓝色海洋经济发展战略

海洋被一致认为是蓝色的国土，因而有关海洋资源的开发利用也就被称为发展蓝色经济。海洋之所以能成为世界经济的大舞台，离不开其丰富的资源与能源，正是这一条件使得人们的生存与发展愈加依赖于海洋资源的开发与利用。有效利用并开发海洋资源，对经济的发展将是十分有利且快速的。由于海

洋所蕴含的丰富资源，与陆地资源的利用相比，海洋资源的利用还有十分喜人的发展空间，因此，一场以蓝色为主题的认知海洋和开发海洋的革命正在席卷全球。

（二）中国的蓝色海洋经济发展规划

1. 制定我国海洋经济发展战略的原则

国家的海洋经济战略是一项综合性战略，旨在规划和引导海洋资源的开发、利用、管理、安全、保护和维护；这是一项涵盖海洋经济、海洋政治、海洋外交、海洋军事、海洋权益、海洋技术等多个领域的综合性战略；制定一项具有指导性的战略，以正确处理陆地和海洋之间的关系，并迎接海洋新时代的宏伟目标。海洋战略是国家战略的重要组成部分，它代表了国家在海上建设和斗争全局中的总体方向，同时也是处理国家海洋事务的总体策略。

在制定海洋经济战略时，需要遵循以下原则：必须以国家战略的全局为指导，并全面考虑国家和民族的长远利益；其次，必须适应当前海洋开发与斗争的形势和任务的要求；最后要考虑到国家的经济和技术实力，以及在军事制海方面的能力水平。

随着全球人口的不断增长，世界范围内出现了一系列的问题，如人类生存环境的日益恶化、陆地资源的不断消耗，加之海洋开发技术也在不断进步，因此世界各国为了生存、发展与安全，开始将目光朝向海洋，对海洋的需求不断攀升，海洋的地位也随之急剧提升。随着国际形势总趋势的变化，沿海国家也开始加强海军军备。因此，针对海洋问题的斗争呈现出全新的特征，导致参与国家数量不断增加，海洋划界变得异常复杂，岛屿争夺的冲突也变得更加尖锐，因此，沿海国家亟需调整自己的海洋战略。

我国的海洋经济战略应该是：在全面考虑陆地和海洋国土资源的基础上，将海洋作为国土开发的战略区域布局重点，并在西部大开发之后，在海洋开发上实施优惠鼓励政策，以提升海洋开发的战略地位，并在适度优先的前提下快速开发和利用海洋资源。秉持科技振兴海洋的方针，着重推进军民都能用的海洋高新技术，如海洋观测和探测技术、高效的海洋油气资源勘探开发技术、深海采矿技术以及海洋生物与药物技术等。21 世纪初海洋开发的基本任务是加快实行海洋农牧化、建设临海产业带、实现对海洋油气资源、渔业、海水资源的充分利用，并发展相应的海洋旅游等。推动粗放型海洋开发活动向集约化方向转型，以促进资源的高效利用和可持续发展。持续推进传统海洋产业的升级，积极培育新兴海洋产业，构建科学合理的海洋产业生态系统，促进海洋经济的全面振兴和可持续发展，进一步提升海洋经济在国民经济中的重要作用。致力于维护海洋生态环境的完整性，实现对海洋生态系统的全面管理，构建可持续发展的海洋生态系统。充分发挥江海水运的优势，积极推进水上航路的整治和改造，以促进高速水运与高速公路、高速铁路、民航的合理配置，从而实现择优互补的发展目标。在 21 世纪初、中期开发建成国内南北海上主通道及全球跨洋航运网，加强国际海上往来。振兴船舶工业，发挥“产业带动、军民结合、平战转换、以出养进”的特色，采取“倾斜”扶植政策，动员涉海部门大力协同，适当加大投资，依靠自力更生、艰苦奋斗，实现强军兴民的优化系统工程，增强海军现代化作战能力和建设强大的综合海洋力量，扩大我国商船客货运输能力、海洋调研、开发、管理、保护能力，提供各种海上新型运载平台与高技术装备。把船舶工业通过海洋产业及国防、机械工业的结合创新，建成新兴支柱产业。增强全民族的海洋意识，树立正确的海洋国土观、海洋经济观、海洋政治观、海洋防卫观，抓紧海洋立法，注意与国际海洋法规接轨，在 21 世纪初期基本完成建立与完善海洋法规体系的任务，强化国家海洋领导机构，健全有权威的海洋综合管理执法队伍，加强集中统一指挥，实行分区分级分工负责管理，力争在 21 世纪中期使我国开发、利用、管理、保护和捍卫海洋的能力接近或达到国际先进水平，把我国建设成为亚洲太平洋地区的海洋强国，实现中华民族的伟大复兴。

2. 我国大洋工作将实施“全方位”战略

目前我国在资源勘查与评价、开辟区多金属结核矿产的特征、矿产储量动态评价体系研究、基础地质研究、深海采砂技术、资源加工利用技术等方面已取得重大成果。我国大洋工作将面向国际海底区域实施全方位战略。重点开展国际海底区域执行的富钴结壳靶区调查、多金属结构勘探合同区环境调查、深海生物基因资源等多种资源为主兼顾其他的开发活动。

3. 我国的蓝色文明

中华民族从“黄河文明”向“蓝色文明”迈进的第一步，是以建设海洋经济强国为经济基础的。随着中国走向国际舞台，实行改革开放的历史性转型，

迎接蓝色文明的到来已成为不可阻挡的历史浪潮和社会发展的必然趋势。人民才是推动历史、创造历史的动力，多年来的对外开放的社会实践中，沿海地区的人民作出了不少的贡献，海洋经济增长率保持两位数的速度，平均每 10 年翻一倍。事实证明，对于发达的资本主义沿海国家来说，海洋经济规模的创造需要半个世纪，甚至一个世纪来完成，但我国却仅仅用了 20 年就实现了这一目标。

在 21 世纪，海洋引起了全人类的广泛关注，同时也预示着海洋必将会是实现全球一体化进程的桥梁。以海洋开发与管理的发展方向为引领，为中华民族带来时代蓝色文明的新机遇，中华民族不能错过新时代蓝色文明的发展之路。

4. 海洋强国战略目标

我国的海洋强国战略目标是成为海洋强国，具体表现在要有先进的海洋科技、拥有健康环境的海洋生态、海洋经济要发达以及海洋综合国力要十分强大。在政治层面上，我们必须确保划界的公正性和合理性，以扩大我国对海域的管辖范围；维护海洋自然资源的主权权利，包括对海洋科学研究、海洋污染和海上人工设施的管辖权。在经济层面上，为了成为一个全面开发利用海洋资源的大国，我们必须不断扩大海洋产业群，提高海洋产业产值在国民经济中的比重，使其超越全球平均水平，并将具有优势的海洋产业推向世界领先地位。在海洋科技领域，我们需要逐步发展成为太平洋地区的海洋科技强国，以推动海洋科技创新和发展。

第二节　中国海洋区域经济发展研究

一、海岸带区域划分原则

一般来说，海岸带区域范围的划分因不同的需要，差异甚大。比如资源开发利用和管理的需要，海岸带向陆地延伸范围不宜过大；但从经济发展及社会需求方面考虑，则需要在陆地具有一定的宽度，并与行政区划相一致。因此，海岸带区域范围划分，采用单一标准并不能满足有效划分海岸带区域所需要的全部条件。由于海岸带自然环境特殊，资源丰富，社会经济发达，其开发利用所涉及的面广，问题错综复杂，特别是随着我国经济的不断发展，各部门、各地区对海岸带的要求越来越多，在开发强度比较大的东海海岸带地区问题尤为突出，这就要求对海岸带经济区域的划分进行全面安排、统筹兼顾，将经济效益、社会效益和环境效益统一起来，综合考虑地理、经济、资源及环境等因素，遵循利益最大化的原则，具体来说，又可以归纳为以下原则：

（一）实现多目标多层次的系统开发

海岸带具有海陆兼备的特点，地处海陆两大地理单元的接合部。海岸带区域划分及资源开发利用，要从整体出发，建立多目标、多层次的系统开发体系，从大局着眼，除了看到海岸带内，还要看到海岸带外更大的地理单元；除了看到本地区和本部门的需要，也要看到国家全局的需要，统一考虑，适当安排。

各省市的海岸带不同岸段，既是各省、市海岸带的一部分，也属于全国海岸带中的一环。在海岸带区域范围划分时，既要从地区角度分析，有利于各省、市海岸带资源开发利用和海洋经济发展，又要从全国海岸带资源整体出发，从国民经济发展的全局进行考虑。而当地方需要与全局需要发生矛盾时，要首先保证全局的利益。只有把握全局，根据海岸带整体经济发展的特点和需求，才能保证有重点、有步骤地开发利用，才能使海岸带的开发利用与整个地区的经济结合起来。但是，全局统一考虑，并不是搞一刀切，而是根据各海岸带不同地段的自然和资源以及社会经济技术等条件，对不同地段甚至同一地段的不同部位，进行因地制宜、多种经营的综合开发利用。

（二）海陆各产业经济有机关联共同发展

海岸带的区域性特征决定了其与陆地经济具有千丝万缕的联系。海岸带的复杂性、多变性和空间利用的多样性是任何地区所无法比拟的。为了满足人类经济活动空间载体的需求，在现有的经济技术条件下，海岸带空间的构成要素，不管是节点域面，还是网络都必须采用海陆兼备、立体开发的模式。

划分海岸带区域范围，不仅是对区域地段和产业部门的划分，更是直接、具体和深刻地反映了海岸带经济与区域经济之间的紧密联系。海岸带的经济是一个由多个部门和行业组成的复杂网络，然而这些部门和行业之间缺乏内在的

有机联系，因此无法形成一个独立的实体。实际上，这些海洋开发部门和行业是陆地经济的某些分支向海洋空间的延伸，与陆地经济活动紧密相连，形成了一个综合的陆海经济生产和再生产的经济系统。一方面，海洋产业的繁荣离不开陆上产业的支撑，陆上产业不仅为海洋产业提供了必要的配套设施和经济技术保障，更是海洋经济发展的重要基石。如海洋运输业的繁荣离不开沿海港口和陆上集输运体系的完善，同时也离不开陆地上钢铁、机械、电子、造船等产业的蓬勃发展。另一方面，陆地产业的蓬勃发展与海岸带产业的蓬勃发展密不可分。随着陆地产业的不断发展，资源的全面枯竭和生态环境容量的急剧减少已经成为制约其进一步发展的重要因素，而海洋中丰富的海底矿物、能源储备和生物资源则为陆上产业的发展提供了强有力的物质支持和广阔的拓展空间。在海洋和陆地产业的演进过程中，它们之间相互依存的关系逐渐加强，无论是在空间开发还是技术经济方面。海洋经济和陆地经济的发展相互依存，二者之间的必然联系决定了它们之间存在着重要的相互作用。

因此，海岸带区域范围的划分，也必须综合考虑海陆各产业间的联系，同时还应根据各地经济政策、经济形态、经济发展态势以及经济技术发展水平等状况，使海岸带区域各产业经济有机关联、共同发展，实现区域经济共同进步。

（三）实现区域经济的可持续发展

海岸带资源和环境是一个独特的生态系统，海岸带区域范围的合理划分，离不开环境与资源的统一开发。结合海岸带资源环境现状，我国海岸带资源环境保护要坚持贯彻污染防治与生态保护并重、陆海兼顾、河海统筹的工作方针，切实管好、用好、保护好我国海洋环境和资源，为我国社会经济的可持续发展提供重要的物质基础。

若想实现海岸带区域经济的可持续发展，就要做好资源开发利用和保护环境之间的协调发展。可持续发展定义为“既满足当代人的需要，又不对后代人满足其需要的能力构成危害的发展”，这个定义明确指出可持续发展的核心是发展，但要求是在保护环境、资源永续利用的前提下进行经济和社会的发展。因此一方面要坚决反对“涸泽而渔”的开发方式，防止环境恶化，保护生态平衡；另一方面也不能因保护整治而放弃开发。海岸带资源的开发与利用，应建立在开发利用与保护整治相结合的基础上，严格遵循自然规律，根据资源再生能力和自然环境的适应能力，科学地处理好开发利用与保护之间的关系，保护和改善生态环境，保障海岸带可持续利用，促进海岸带经济的发展。

（四）体现统筹兼顾、突出重点原则

海岸带区域范围划分，还应注重海岸带的功能区划，既要考虑开发利用，又要考虑治理保护和保留等多方面关系；既要考虑主导功能，又要兼顾一般功能；既要考虑当前的需要，又要考虑长远的发展；既要考虑全局利益，又要兼顾局部利益。因此，在区别不同地区、不同情况，确定区域范围时，要因地制宜地考虑问题，确定不同重点，并突出这些重点，实现效益最大化。

确定海岸带功能时，主要从以下四个方面体现统筹兼顾、突出重点的原则：在统筹兼顾资源效益、经济效益、社会效益和生态效益的同时，要突出重点。比如在渔业资源衰退的沿岸区域，要注重生态环境的保护和恢复，重点突出生态效益；通过划定保留区，把长远利益与近期利益紧密结合，并且通过生产力合理布局，突出社会利益。海岸带区域划分以及确定功能区要综合考虑区域的自然属性和社会属性。在多种功能重叠的区域，要突出主导功能，允许互不冲突或相互影响小的功能区划并存。实现近期开发、未来开发、整治利用和保留区的合理配置，统筹兼顾、突出重点。近期利益兼顾长远利益，高瞻远瞩，制定长远目标，不能急功近利。

（五）处理好经济建设与国防建设的关系

海岸带除了发挥促进经济建设的作用，也是国防的前哨和对外开放的前沿。国防建设的地位，不能因经济建设而削弱，同时经济建设和对外开放也不能因军事国防而被束手束脚。海岸带区域范围的划分，也要正确处理两者的关系，使经济建设和国防建设有机结合起来。

二、东海海洋区域经济划分及特征

（一）东海海岸带区域划分概况

根据我国的自然和资源条件、经济发展水平以及行政区划，对我国海岸带

及其周边海域进行了 11 个综合经济区的划分，以发挥区域比较优势，形成各具特色的海洋经济区域。其中，属于东海海洋区域的为长江口及浙江沿岸经济区和闽东南海洋经济区。

（二）东海海岸带区域优势与特点

1. 海洋资源环境的优势

（1）丰富的自然资源

海岸带沿岸地势平坦，滩涂辽阔，淤涨速度快，海水资源丰富，开发潜力大。与其他海域相比，东海海域广阔，杭州湾以南沿岸岬湾众多，是浅海养殖的良好场所；以舟山群岛为中心的舟山渔场是我国最大的海洋渔场和水产资源最丰富的海区。

（2）多彩多样的旅游资源

如舟山群岛的普陀山、湄洲岛的妈祖庙、福州的林则徐祠、海上丝绸之路起点的历史港口城市泉州、厦门的胡里山炮台、广州黄花岗七十二烈士墓、虎门炮台等。闽东南海域处于热带和亚热带，具有许多特有的珍稀海洋生物，以及得天独厚的热带、亚热带自然风光和奇特的海底世界。冬季避寒和沿岸的其他自然景观，人文景观，构成了具有南国特色的旅游资源。

（3）众多的深水港址

除了丰富的生物资源和独具特色的旅游资源，东海沿岸还具有多处建设大型深水港的优良港址。上海市港口岸线包括黄浦江、长江口南岸、杭州湾北岸以及崇明、长兴、横沙等岛屿，共有岸线 594 千米。浙江省是海洋大省，沿海深水港湾和岸线资源丰富。这些都为东海区域发展港口工业、港口城市和农林牧渔提供了良好的条件。

（4）前景广阔的油气资源

经过多年勘探发现，东海的石油天然气资源也十分丰富。东部凹陷是油气主要分布区，是最有利于形成大中型油气田的含油气凹陷。东海油气资源的开发，必将缓解能源紧张，同时也能带动石油化工业的快速发展，为海洋产业技术群体发展创造良好条件。

2. 飞速发展的沿海城市带

以上海为中心的经济区，是我国经济最发达的地区之一。随着沿海港口的开发建设，已形成我国最大的内河航运网和最集中的江海港口群，铁路、公路、航空和航运等各种运输方式齐全，为东海区的经济辐射提供了有利条件，初步形成了以上海为中心的沿海发达城市带。

3. 发展的限制因素

能源供应和交通运输紧张，港口、铁路和公路超负荷运转，主要城市和工业分布过于集中，人口过密，城市和区域性公用设施落后，环境污染严重等，是东海区域开发和经济发展的制约因素。因此，积极开发建设港口，不断完善交通运输网络，对缓解能源供应紧张和加快经济发展都有重要意义。在扩大城市规模建设中，逐步调整工业和城市布局的空间结构，防止城市环境恶化，也是当前东海区域经济发展需要注意的问题。

（三）东海海岸带经济发展的规模与发展速度

1. 东海港口经济发展的规模和发展速度

东海区域港口城市众多，主要港口均靠近国际主航道，具有一定的区位优势。但决定港口规模的不仅仅是自然条件，更重要的是经济社会条件，港口腹地的经济实力是衡量港口规模和运力大小的重要指标。上海港和宁波—舟山港属于长三角港口群，其经济腹地长三角经济圈，经济要素集中，城市密集，区域经济一体化程度高。福州港和厦门港的腹地在闽台地区，与台湾港口共同组成海峡港口群，其外向型经济发达。

在海岸带，我国主要城市与港口密不可分，互相依存，尤其是东海区域发展外向型经济更是如此。就其发展来看，一般是先有港口后有城市，城市随着港口的兴衰而变化。如上海就是在隋唐时期成为当时浙西沿海的重要港口后，才慢慢成为长江沿岸的主要港口，随着后来通商口岸的开辟，港口经济不断发展，上海城市职能也日趋多样化，金融业、商业、加工业迅速发展，促进上海成为全国最大的经济中心。东海海岸带的城市和港口布局的基本骨架和主体，就是由港口城市群所构建的。

近年来，东海港口城市群建设，取得了飞速的发展。不仅注重港口数量，还在港口功能的设置上，做到各港口间突出重点，优势互补，合作双赢。如上海港利用经济中心地位和优质服务争取长江中游出口转运货物，宁波港则弥补上海港深水航道不足带来的缺陷，二者共同作为枢纽港，推进上海国际航运中

心建设。同时在港口规划上，也做到有序分工，合理设置。港口间相互合作，通过合作达到双赢，共同支撑经济快速发展的长三角港口群和闽东南港口群。

2. 东海渔业经济发展的规模与发展速度

东海区渔业行政辖江苏、上海、浙江、福建三省一市，其所属渔场有吕泗渔场、长江口渔场、舟山渔场等 19 个渔场。东海区海洋捕捞产量近年来连年增长，但同时，随着海洋渔业捕捞量的增加，出现了一系列严重问题，如渔获物的小型化、低龄化与过度捕捞等。东海区渔业资源日趋恶化，与 20 世纪七八十年代初期相比，东海区渔业资源在同一种营养水平上已不再增加，当前通过大幅增加捕捞强度，降低捕捞对象的营养水平，增加捕捞对象的使用数量来实现产量的增加，若将单位捕捞效率的提升以及某些人类活动的影响等因素考虑在内，显而易见东海渔业资源在不断下降。

得益于东海丰富的渔业资源，渔业经济一度成为东海海洋经济的支柱产业。但由于渔业资源开发利用严重过度，海洋污染日益加重，渔业日益衰退。迅速发展的海运业、临港工业等也占用了大量渔业区域，东海渔业前景不容乐观。舟山渔场曾经是世界四大渔场之一，在漫长的历史中，舟山出产的渔产品是中国乃至不少国家的人民饭桌上的美味佳肴。但是，近年来，舟山把多年来的海洋产业发展排序“渔、港、景”改成了“港、景、渔”，原有的 25 万渔业人口已经压缩到了 21 万人。目前，舟山渔场的大量渔民不得不在受到压缩的剩余海域作业，海洋捕捞强度大大超过渔业资源的再生繁殖能力，渔业资源严重衰退[①]。

3. 东海旅游经济发展的规模与发展速度

东海沿岸滨海旅游发展迅速，在海洋经济和地方区域经济中占有重要地位。目前，东海滨海旅游产业已初步形成以城市为核心，以国家级和省级旅游功能区为支撑的生产供给体系；海洋旅游的接待服务设施规模大、档次高；海洋旅游区内的旅行社、旅游汽车公司等服务体系不断完备，已形成了“吃、住、行、游、购、娱”全方位的服务系统。

东海沿岸地区北接江苏省，主要包括上海市、浙江省和福建省，分属长三角经济圈和闽台经济圈。以上海为龙头、苏浙为两翼的长三角，是我国经济、

① 朱梦华，钱卫国. 舟山渔场渔业资源衰退原因及修复对策［J］. 农村经济与科技，2022，(9)：79-82.

科技、文化最发达的地区之一；同时闽台经济圈又具有侨胞祖地、闽台同根的独特资源，使得东海区域的民间资金雄厚，投资开发旅游的热情很高，为沿岸海洋旅游项目建设的招商引资提供了巨大的空间。另一方面，本区域城乡居民收入高、生活富裕，对旅游的需求日益旺盛，形成了极大的客源市场。另外，长三角各个城市之间存在着紧密的经济联系，经济流量较大，人员来往多，商务旅游活动也很频繁。取消旅游壁垒与进入障碍，建成中国首个无障碍的跨省市旅游区，共同打造长三角黄金旅游圈。随着长三角经济一体化进程的推进，苏浙沪三地经济、社会发展将相互交融，这一客源市场无疑将为东海滨海旅游提供日趋强劲的需求支撑。

4. 东海油气资源的开发与利用规模与发展速度

东海大陆架有十分丰富的海洋资源，如水产、天然气、石油及稀有的矿产资源。我国东海油气勘探在近年来取得了非常不错的成绩，在东海大陆架上发现了 7 个油气田与含油气的构造，分别是平湖、春晓、残雪、断桥、天外天等。

东海陆架盆地生油岩厚度大、分布广、有机质丰度高，不但有产生油、气的母岩，而且具有很好的储集环境。东海陆架盆地的天然气资源前景评价结果表明，东海陆架盆地天然气资源非常丰富。尽管目前勘探程度很低，油气资源开发尚处在起步阶段，但仍具有良好的开发前景。

三、长江三角洲区域经济

长江三角洲地区是长江口及浙江沿岸海洋经济区的重要组成部分和主要经济增长点，也是正在崛起的世界第六大城市群，是我国社会经济高度发达、率先基本实现现代化的东部沿海三大重点区域之一。进入 21 世纪，如何在原有基础上继续稳固发展、大胆开拓，使长江三角洲区域经济走向又好又快的可持续发展道路，是目前我们研究的重点。

（一）开展海洋生态建设是发展长江三角洲区域经济的首要问题

自 20 世纪 80 年代改革开放以来，长江三角洲区域经济的高速发展给海洋环境与生态带来了巨大压力，海洋环境污染与生态系统服务功能衰退也已在一定程度上制约了该区域海洋经济的更大发展。主要表现在：

海洋环境污染严重：我国四大海区中东海海区受污染面积最大，近海 80% 的海域水质污染超标；近海渔业资源严重衰退：首先是近海无鱼可捕，渔业作为传统优势产业面临严峻挑战。其次网箱养殖技术的粗糙，饵料的不规范使用，致使生态系统结构失衡、功能退化趋势进一步加剧；近海环境安全保障受到威胁：海洋灾害威胁着海洋环境安全和人民身心健康。总体上看，长江三角洲近海海域自然资源优势仍然明显，但同时也面临着严峻的海洋生态系统退化、海洋环境污染等形势。并且从未来的发展趋势看，长江口、杭州湾及其邻近海域的生态压力会进一步加大。因此，长江三角洲区域经济的发展离不开海洋生态建设。

长江三角洲近海海洋生态建设主要包括以下几个方面：区域生态保育与生态景观建设。即在长江三角洲海岸带范围优先选择保育自然生态系统和濒危珍稀物种，建立自然保护区，开展人工鱼礁和增殖放流工作，建设生态长江口和生态杭州湾；进行海域环境整治与生态修复。即控制污染总量、修复滨海湿地生态、重大工程区生态功能的修复等；促进海洋生态产业发展与循环经济建设，即滨海生态旅游建设、滩涂及海水综合利用建设、生态产业区建设等及海洋生态人文的建设，包括海洋环境监测技术与海洋可持续开发技术体系的研究、海洋生态文化的建设与宣传、海洋管理与执法能力的建设等。通过这一系列的海洋生态建设，长江三角洲海洋区域经济既开辟了符合科学发展观的海洋区域可持续发展道路，又增强了现代海洋意识。

（二）充分利用港口与区域经济联动的优势，发展海洋区域经济

当今，世界经济日趋全球化，世界上各个国家都在努力实现资源的合理有效配置，因此促进了国家之间的贸易交流，从而对货物综合运输提出了更高的要求。港口在国际贸易中扮演着十分重要的角色，这是因为港口是国家或地区能与世界进行沟通的重要纽带，同时也是全球综合运输的重要枢纽要道。现代港口的功能持续扩大，尤其是它在物流方面的重要节点地位越来越明显，它已经成为了国民经济中的一项基础性和服务性产业，在贸易与贸易方面的发展中，它所起到的作用也越来越大，这为一个国家和区域的经济发展与繁荣提供了极为有利的条件。港口发展在促进港口城市及其周边区域进步的同时，也因其特殊的地理位置使其所依赖区域较内陆地区在提升服务能力和拓展域外需

求上显现出明显优势。长江三角洲地区作为我国的五大港口群之一，其港口在海洋区域经济发展中的作用不容忽视。

（三）加大开放力度，推进外向型经济发展

长江三角洲地区的外向型经济在20世纪90年代受到了亚洲金融危机的猛烈冲击，在这种情况下，经济不但没有受到影响，反而还保持了有效益的增长，基本形成了全方位、多层次、宽领域的对外开放格局，在地区国民经济的发展和综合实力提高方面作出了巨大的努力。然而，相较于先进国家和地区，长江三角洲地区的开放经济仍存在一些根本性的矛盾，例如商品贸易市场份额相对较低，出口商品的技术含量不够高，缺乏具有一定规模和强大竞争力的旗舰产品；由于出口市场的高度集中度，该地区的经济发展受到了国际经济波动的显著影响；外资投入规模仍未达到应有的水平；开发区的布局分散、起点不高、结构雷同以及与周边地区的关联度不足等，成为了阻碍开放型经济和区域经济协调发展的主要因素。

目前，我国的珠江三角洲地区仍是对外开放的前沿阵地，这一事实从国内的比较中可以看出。尽管长江三角洲地区的经济开放程度高于全国平均水平，但与珠江三角洲相比，其差距之大着实令人瞠目结舌。自20世纪90年代起，特别是在浦东和长江沿岸港口城市的开发和开放之后，我国的对外开放战略重心也在由东南沿海地区转移到长江流域。长江三角洲位于沿海和沿江开放带的交汇处，凭借其独特的区位、历史和人才优势，正在成为我国经济、信息、金融和科技中心，并在长江流域和西部大开发战略中扮演着开放的角色。长江三角洲的经济开放水平和质量的提升，不仅是该地区自身发展的必然要求，也是全国发展战略成败的关键所在，其紧迫性和重要性不言而喻。

（四）实现长江三角洲区域经济一体化战略

为了实现长江三角洲地区两省一市这一地域相连、文化相近、结构互补的完整城市经济区域的开放型经济协同发展，必须在多层次内部合作的基础上，采取经济一体化发展战略，避免内部冲突。区域经济一体化是为了实现社会经济资源的配置优化，从而实现资源的共享、功能的互补、联动的发展以及利益的共享。为了实现区域经济的可持续发展，必须建立一种有效的社会经济资源

循环机制，促进区际分工和协作，从而形成一种高效的区域经济发展格局。在某一特定区域内，生产要素以有机、关联、有序、合理的方式流动，从而实现区域经济的共同、协调、高效发展。当然，区域经济一体化不仅是一种新的理念和新的目标，也需要经过长期不懈的持续努力和持续推进。长江三角洲区域经济一体化的战略目标，就是要把长江三角洲建设成为区域功能完善的、城市分工及产业布局合理的、区内要素流动自由的、生态环境优良的、人民生活舒适的可持续发展地区，成为产业结构高度化、区域经济外向化、运行机制市场化、国内率先实现现代化的示范区，成为我国及亚太地区最具活力的经济增长极、中国有实力参与世界经济竞争的中心区域。

为此，必须打破行政限制，依据经济规律的要求，探索上海与苏浙两省之间的基础设施衔接、支柱产业配套、新兴产业共建以及一般产业互补的梯度开发模式和分工协作体系，以推动经济发展。发挥上海金融、信息、创新和营销中心的职能，促进腹地企业与上海之间的互动和联系。在以南京、苏州、无锡、徐州、杭州、宁波等二级中心城市为节点、以运输干线为依托的跨地区产业整合与资产重组中，孕育一批能够有效参与国际竞争的大型企业集团，实现全方位的国际竞争参与。为了实现长江三角洲内口岸资源的整合，必须在整体规划的基础上进行合理的分工和功能互补，以形成协同效应，避免不必要的重复建设。建立一个开放型的外经贸体系，以国际惯例为指导，广泛吸纳各类企业参与，实现各种经贸业务的相互融合，从而提高其抵御风险的能力。

总之，长江三角洲区域经济在东海海洋经济中，乃至全国海洋经济发展中都处于龙头地位，具有举足轻重的作用。更好更快地发展长江三角洲区域经济，必须坚持贯彻党中央十七大提出的科学发展观，以海洋区域经济的理论为基础，走可持续发展的道路。

四、闽东南海洋经济区

闽东南海洋经济区属于泛珠三角的关键区位。珠江三角洲在沿海的终端，这种区位是独一无二的，包括南海北部海洋经济区，北部湾海洋经济区，海南岛海洋经济区，以及闽东南海洋经济区，尤其是南海北部海洋经济区，其优势海洋资源主要有港口资源，油气资源，旅游资源和渔业资源。依托于珠江口周边地区，闽东南海洋经济区的开发基础扎实，开发程度高，是我国海洋经济发展潜力最大的区域之一。

（一）闽东南海洋经济区发展概况

闽东南区虽处沿海，但土地贫瘠。这里地瘠人稠，可耕作土地生产的粮食难以果腹，但正是这种贫穷，让闽东南人在改革之风吹来之时，在逆境之中，发扬“爱拼敢赢”的奋斗精神，抓住了机遇，充分利用沿海优势，率先崛起。泉州市下辖的晋江市便是率先崛起的典型。厦门市则和长江三角洲、珠江三角洲等发达地区比速度，比环境，把发展目标定得更高远。引导相关产业向周边地区延伸产业链，推动城市联盟取得实质性进展，带动闽南金三角城市群发展，壮大闽西南一翼，推动与珠三角、长三角的合作；积极创建首批“全国文明城市”，厦门还承接着福厦铁路、厦漳大桥等重点工程的建设。厦门的不断扩张将逐渐拉动闽南特别是漳州的快速发展，交通上的便利为其能够在国内发挥辐射作用奠定了基础。

（二）建设海峡西岸经济区的意义

早在很久以前，福建就提出闽东南、闽南三角洲的概念，随着时间的推移，形成了海峡西岸繁荣带的设想。上述设想根据形式的发展而变化，并渐渐扩展成海西经济区的发展战略，这是历届省委、省政府长期探索福建发展之路积累的成果。西岸经济区战略是依据海峡西岸繁荣带战略提出的，它不仅持续了原战略，同时也是原战略的升华。

海峡西岸经济区的主体是福建，主要范围涵盖有江西部分地区、浙江南部、广东北部、台湾海峡西岸、珠江三角洲和长江三角洲两个经济区的衔接，海峡西岸经济区有着邻近港澳与面对台湾的优良地理位置，其经济综合体是由厦门、泉州、福州、汕头和温州五大经济城市及这五个城市所形成的经济圈而形成的，该综合体有着分工明确、市场体系统一、协调发展、经济联系紧密的对外开放的优势，同时也为海峡西岸经济区的建设起到了不可或缺的作用，这是因为它不仅拥有良好的地理位置，同时也是一个身负祖国统一大业的特殊地域经济综合体。福建与台湾的经贸依存度目前已经超过 25%，闽台已经形成相互依存的产业链格局。从一定程度上讲，海峡西岸经济区目标规划既是福建经济

发展的助推器，又是推动区域经济一体化，联系“海西区”与“长、珠三角”之间经济联系的纽带，还是两岸经济社会融合发展的重要节点，是祖国和平统一的重要环节。无论短期还是长期，海峡西岸经济区的发展始终贯穿着整个格局的协调与完成，这一建设的提出具有极其重要的经济、社会和政治战略意义。近年来，闽南地区的经济发展呈现出明显的繁荣态势，相较于福建其他地区，市场活跃度更高，这对于全面实施海峡西岸经济区具有典型意义。推进闽南地区的发展步伐，不仅有助于加速海峡西岸经济区的建设、巩固与祖国统一大业，同时也能够促进闽港澳之间的经济合作，为区域发展注入新的活力。闽南地区作为连接两岸三地的重要枢纽，其与港澳地区的经贸合作基础坚实可靠，为两地经济发展提供了坚实的支撑。强化闽南地区建设，为两岸三地合作搭建新平台和新起点，让两岸三地在经济、文化、科技等方面互联互动，共同推进发展过程。

海峡西岸经济区的发展不仅将带动东部地区如浙江、广东等的繁荣，同时也将在全国范围内推动中部地区的崛起和西部地区的开发。

（三）海峡西岸经济区的发展战略

海峡西岸的经济繁荣离不开港口这一重要门户。所以只有加快泉州、厦门、漳州的港口建设速度、发展航海航运、扩大内地对外交流渠道以及加快高速公路、铁路、省级干线、公路网建设速度，才能进一步发挥福建作为福建区域出海口、促进区域间要素自由流动和优化的巨大作用，从而增强闽东北一翼和闽西南一翼，加速对接长江三角洲和珠江三角洲，寻求经济区的战略崛起。闽东北一翼要充分发挥福州省会城市服务全省的重心和辐射作用，推动闽东北地区快速发展，促进与长江三角洲的对接。闽西南一翼要充分发挥厦门经济特区的引领示范作用，发挥泉州创业型城市对经济快速发展的支持带动作用，进一步加强产业分工协作和市场融合，以促进与珠江三角洲的对接为目标。通过向南北两侧延伸，实现海峡西岸经济区和两个三角洲之间的优势互补和协同发展。

在闽南地区，政府应当给予地方政策更多的自主权，以便在经济实力独立的同时，注重环境保护条款的制定和实施。借助三明、南平、龙岩的深入推进优势，以其独特的生态环境、丰富的资源和紧密的内外联系为支撑，依托出省快速铁路和高速公路，实现山海互动，横跨东西，不断深入，充分发挥先锋作用。积极探索跨省区域合作的全新路径和机制，与内陆地区紧密相连，建立统一有序的市场体系，推动生产要素的流动和聚集，以实现共同繁荣发展。以广大人民的根本利益为出发点和落脚点，坚持以人为本，将其作为正确处理改革发展稳定关系的结合点，以加速推进社会主义和谐社会建设为目标。积极践行国家区域发展战略，全面贯彻中央对台方针政策，加强福建对台湾的独特地位的影响力，推动西部地区的开发和中部地区的崛起，为全国的发展大局和祖国的统一大业提供坚实的支撑。

海峡东岸是海峡西岸繁荣发展的不可或缺的关键因素。充分挖掘沿海港口潜力，增强向福州，厦门，泉州等地的辐射充分发挥漳州，莆田，宁德等地向一线延伸的骨干作用，凸显特色，累积力量，促进全省沿海地区整体繁荣。发挥台商投资区、海峡两岸（福建）农业合作试验区、两岸直航试点口岸等闽台合作平台优势，扩大闽台在经济、文化、科技、教育等多个领域的合作。闽商在世界上发挥着不可替代的作用，它的地位是任何人都不可动摇的。在有利的政治环境下，可发挥闽商与台商的桥梁及纽带作用，以自由港属性的两岸自由贸易区的设立，以及与台湾加工出口区及科学园区的衔接，提供台商投资区，保税区、经济特区及加工出口区更灵活，更多元及更适用的功能；通过深入挖掘具体产业的潜力，加强产业之间的交流与合作，从而推动产业的可持续发展。为了促进两岸行业之间的发展，闽南的三大城市应当进行特定行业的可行性分析，制定特定行业的注册互惠安排，并大幅度减免关税，以实现人员和资金的自由流动，从而推动两岸行业的共同进步。通过充分利用八大平台和四项闽澳合作，全面提升闽港闽澳合作的水平和深度。

总之，从闽东南海洋经济区发展，我们可以总结出，海洋是开放、开拓和进取的象征。尽管以区域发展为中心的海洋维度并未完全以海洋为中心，但至少要打破封闭的空间观念，开始逐步从传统的海洋通道控制向拥有与开发海洋资源的方向转变；随着时代的发展，人们对于保护海洋环境的重视程度也日益提高。闽东南海洋经济区的和谐发展也会让泛珠三角经济区乘风破浪，实现人与海和谐共处，互惠互利的目标。而随着海峡西岸经济区的兴起，其必将成为海峡两岸经济社会的结合点和纽带，进一步带动全国经济走向世界。

第三节　中国海洋经济高质量发展策略

一、海洋产业高质量发展瓶颈

海洋产业高质量发展不仅是国民经济高质量发展的重要组成部分，还是国家实现粮食安全，据海而生的重要实践准则。为了促进海洋产业经济的高质量发展，我们必须深入研究海洋经济的特征和变化规律，抓住当前海洋产业经济发展所面临的问题，并紧密跟随全球海洋产业创新升级的趋势。全面实施海洋产业高质量发展战略，持续推进海洋制造业现代化、海洋渔业集约化、现代海洋服务业建设。

（一）海洋产业高质量发展面临的主要问题

海洋产业高质量发展是国民经济高质量发展的重要组成部分，也是实现我国经济现代化发展的根本路径，实现防海统筹的实践重点。当前，我国海洋产业经济运行面临的突出矛盾和问题主要有海洋产业内部结构性问题、涉海产业经济结构性问题、海洋金融和涉海产业经济问题等。

深刻领会海洋产业的发展规律和趋势，遵循国民经济三次产业关系协调和结构优化升级规则，是实现我国海洋经济高质量发展的根本途径，也是中观层面国民经济高质量发展的重要体现。海洋制造业、海洋渔业，海洋现代化服务业和其他潜力产业的统筹，协明发展都离不开这一指导思路。未来涉海产品和海洋产品的发展会走出一条科技含量高、产品附加值高、生产精细化和生命周期长的高质量发展之路。

（二）我国海洋产业高质量发展三大结构矛盾

当前我国海洋产业高质量发展所面临的问题，虽然有周期性、总量性因素的影响，但主要是产业结构失衡导致的，概括起来，主要表现为三大关系；海洋三次产业内部结构性问题，涉海实体经济结构性供需问题、海洋金融和涉海实体经济问题。

海洋第一产业，目前主要是指海洋产业及相关企业依然存在着生产模式落后，生产效率较低，海产品市场供需不对称等问题。海洋第二产业内部结构性问题，主要是传统海洋制造业产能过剩。产业水平处于全球价值链低位、核心技术不掌握，生产管理方式粗放、资源环境生态成本大等问题。海洋第三产业内部结构性问题，主要是指涉海服务业整体质量偏低、服务设计结构不合理、涉海服务企业水平不高、海洋服务型产品设计落后、盈利能力薄弱、国际贸易水平低等问题。

涉海实体经济结构性供需问题：中国涉海实体经济近几年发展迅速，供给体系产能不断增长，但是整个市场目前还是以中低端、粗加工、价格的初级商品为主，难以满足国民日益升级的多样的消费需求。消费结构升级，对于涉海产业在国际贸易方面的出口需求和投资需求都相对下降，供给结构和产品设计都面临淘汰。更大的问题是，面对全球人口老龄化问题、劳动年龄人口与非劳动年龄人口比重连年降低、中等收入群体不断增长等，涉海产业供给体系并没有能够及时地作出改变，最终导致供需严重失衡。

海洋金融和实体经济的结构性问题：随着金融业在国民经济中的比重快速上升，海洋金融业也渐渐进入民众视野。但是由于海洋金融专项服务要求比较高、海洋金融产品设计滞后、海洋金融产品种类较少等问题，增加的海洋专项资金很多没有进入涉海实体经济领域。金融是企业赖以发展的重要支撑要素，是涉海实体持续发展的保障，海洋金融和涉海实体之间存在的结构性矛盾一定程度上阻碍了涉海实体的高效运行和海洋经济的快速发展。

二、海洋重点产业高质量发展建设策略

海洋重点产业是海洋经济高质量发展的根本，是实现我国海洋经济市场化、国际化、可持续的重要物质载体。加快推动海洋重点产业的现代化建设，助推海洋重点产业高质量发展，必须坚持市场化原则、可持续发展理念，遵循现代化发展规律。

（一）海洋渔业产业发展需求与趋势

海洋渔业产业是我国海洋经济发展历史最长的部门。作为传统海洋经济部门，在现阶段高科技、高效能、低消耗、可持续、智能化的发展趋势中，其管

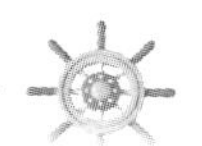

理方式和生产方式都亟须变革，在渔业资源修复、水域管理保护、养殖增殖管理等方面都将会以更精准的大数据服务和人工智能服务来实现高附加值，高产能的产业管理，从技术上为海洋渔业产业升级提供重要保障。要从三个方面平稳实现过渡：一是做好传统粗放型生产与现代集约生产之间的平稳过渡；二是实现传统渔业产业管理体系向高新科技、人工智能管理模式的平稳转换；三是引导传统海洋渔业无序化竞争向抱团作战的市场竞争转变。

加快构建现代海洋渔业产业体系。推动海洋渔业集约化发展，做好现代化海洋牧场建设，以现代化海洋牧场建设为核心，带动整个海洋渔业产业向生态化、装备化、立体化、纵深化发展，海洋渔业的核心是海水养殖产业，但是围绕海水养殖相关的水质管理、水产养殖开发等辅助产业都需要科技实用化、管理智能化，以产业链为单位进行整体升级，而不是单枪匹马单独作业。利用大数据预测监管和智能平台技术，在气象预测、水体保护、安全生产、生态稳定方面逐步提高生产水平，稳步迈进中国海洋渔业高质量发展阶段。

（二）海洋制造业升级的发展规律与趋势

海洋制造业升级是由传统的高消耗、高污染和高投入为特点的海洋制造业，向环境污染少，资源消耗低、科技含量高、人才比重大的方向发展。海洋制造业升级要求加大信息化投入，以此带动海洋制造业快速发展，两者相辅相成、插环推进，海洋制造业的高质量发展布局，是保障中国海洋经济高质量发展的物质载体，是实现沿海省区市城镇化升级、市场化创新、国际化推进的重要驱动力，是海洋强国战略的实践力量。

举例来说，我国海洋工程装备制造业发展取得了长足进步，特别是海洋油气开发装备具备了较好的发展基础，年销售收入超过 300 亿元人民币，占世界市场份额近 7%，在环渤海地区、长三角地区、珠三角地区初步形成了具有一定集聚度的产业区，涌现出一批具有竞争力的企业（集团）[①]。目前，我国已基本实现浅水油气装备的自主设计建造，部分海洋工程船舶已形成品牌，深海装备制造取得一定突破。此外，海上风能等海洋可再生能源开发装备初步实现产业化，海水淡化和综合利用等海水化学资源开发初具规模，装备技术水平不

① 曹玉娜. 基于产业链的海洋工程装备制造业发展探究［J］. 投资与创业，2020，（14）：101-102.

断提升。

但是，我国海洋制造业技术水平与世界先进水平相比，仍存在较大差距，主要表现为：产业发展仍处于萌芽阶段，经济规模和市场份额尚未达到成熟阶段；在研发设计和创新方面的能力相对薄弱，核心技术仍然依赖于国外的支持；由于缺乏具备国际竞争力的专业化制造能力，该产业基本上处于较低端的阶段；由于配套能力的严重不足，核心设备和系统的运作主要依赖于进口渠道；产业体系的不完善，相关服务业的发展滞后，导致了滞后的局面。

海洋制造业的高质量发展需要把握好三组关系，首先，海洋高新技术和传统海洋工业技术。既要又好又快地发展、引进，推广适应世界海洋经济发展需求的创新科技，又要重视原有海洋传统工业技术的更新迭代和改组改造，促进两者新旧融合，共同提升。其次，发展资金技术密集型海洋产业和劳动密集型海洋产业。我国目前的经济水平已经为海洋经济发展打下坚实基础，发展资金技术密集型海洋产业不仅能够快速提高产业水平，还有利于我国海洋产业国际竞争力的形成，同时，劳动密集型产业也要不断升级，适应变化的市场需求和缓解就业压力。最后，发展虚拟经济和实体经济。通过发挥虚拟经济对国民经济的正向促进作用，采取有效措施预防和消除其不利影响，有序推进新型工业化高质量发展工作，大力推进经济高质量发展的进程。

新时代中国新型工业化高质量发展的提速离不开海洋工业的现代化发展。我们要在新发展理念的引领下，按照现代工业化的发展和提升规律，着力构建现代化的产业体系、着力实施现代制造业强国战略、着力实现战略性新兴产业现代化。

（三）现代海洋服务业高质量发展建设思考

现代海洋服务业高质量发展是国民经济高质量发展的重要组成内容，现代海洋服务业高质量发展，必须以市场为取向，以企业为主体，以技术进步为支撑，大力优化升级服务业结构，提高服务业的整体素质和国际竞争力。

现代海洋服务业发展是海洋经济第三产业质量和效益不断提升的发展演变过程。纵观海洋经济发达国家产业经济发展渐变规律，现代海洋生产型服务业和现代海洋科技型服务业，已经成为现代海洋经济增长与发展后劲的重要体现，伴随着人类的社会经济活动向海洋迈进，现代海洋服务业将是带动整个国

民经济体系的现代化水平不断提高的重要拉力。

随着海洋强国战略上升到国家战略，现代海洋服务业日益成为社会经济增长与发展的重要部门，中国现代海洋服务业进入数量规模增长型和质量效益提升型并存的阶段，总体来说伴随海洋生产总值的快速增加，作为海洋第三产业的现代海洋服务业占比连年上升，其中滨海旅游业已经成为海洋经济发展的支柱产业。

海洋第三产业已经逐步成为海洋经济发展的重要支柱，而现代海洋服务业更是重中之重。突破传统服务理念，升级服务模式、创新服务产品设计，树立服务客体本位意识，深度激发现代海洋服务市场潜力是必然趋势，也是市场需求。

现代海洋服务业是以海洋制造业、海洋物流业等为代表的海洋第二产业，是海洋第一产业的重要把手，完善、科学，高效、灵活的现代海洋服务业能够更好地促使海洋其他产业快速发展，也能更深入地挖掘海洋其他产业的内在潜力，促进新的海洋产业融合与产业关联，形成完整的海洋经济生态。在发展过程中，现代海洋服务业分阶段、分批次、分主次地与其他海洋产业相辅相成，共同发展。

现代海洋服务业高质量发展是发达的、科学的服务业的发展，其有高技术性、高素质性、知识密集性、集群性、高增值性等特征。

促进海洋服务业专业化和国际化发展。提高海洋服务质量和专业化水平，建立能够应对来自国际国内不同需求的产业服务标准，构建完整的现代海洋服务业专业化体系，满足来自需求方，供应方的不同诉求。完善现代海洋运输体系，建立与国际海运接轨的生产性服务业数字标准，推动现代海洋服务业向价值链高端、数字化、智能化、国际化方向发展。加快海洋产业技能培训、康养娱乐、体育健身、滨海旅游等领域的全面发展，推动面向社会闲散资本的服务政策体系建设，扩大海洋区域服务型基础设施民间资本参建类目，加快三亚互联网在现代海洋服务业的布局实施等。

三、区域海洋经济高质量发展制度建设

区域海洋经济高质量发展，是我国经济可持续、高质量发展的重要组成部分。新时代全面推进海洋经济高质量发展，必须推进区域海洋经济空间布局与

协同发展的建设，增强沿海省区市彼此间的产业纵向、横向联系，加强产业链之间的互补建设。全面推进区域海洋经济高质量发展，需要构建更加有效的区域海洋经济协调发展的新机制，保障区域海洋经济产业发展的有序竞争，鼓励区域海洋产业互补式发展，避免重复建设，鼓励产业链集群发展，实现区域海洋产业的高效运营。充分发挥市场机制作用，发展完善区域合作与互助机制，建立健全的区域海洋经济补偿机制。

（一）区域海洋经济高质量发展制度建设的重大意义

我国海域广阔，区域海洋经济差异大，东部与西部、南方与北方在环境气候，资源、文化传统、经济发展等方面都存在较大的差异。区域海洋经济发展不平衡是一个长期存在的历史性问题。深刻把握区域海洋经济发展的历史进程，全面推进区域海洋经济高质量发展，具有极其重要的现实意义。

改革开放之初，邓小平提出了“两个大局”的区域发展战略；第一个大局是先集中发展沿海，内地支持沿海地区的发展；第二个大局是沿海发展起来之后，沿海地区再支援内地发展。沿海省区市在经过几十年的快速发展后，虽然总体来看经济实力雄厚，资本存量和人力资源十分可观，但是具体到省、市，经济水平发展极不平衡，南北方差异大，岛屿与大陆差异明显，增加沿海城市间的交流互动、优势互补、建链强链、协同发展是推动区域海洋经济高质量发展的题中之义。

在区域海洋经济空间布局结构和产业协调发展上，要重点解决好以下三大问题：一是海洋产业空间布局的科学性。包括区域内自然资源、人力资源、海洋产业分布、海洋基础设施水平、科学技术水平以及其他经济社会因素对海洋空间产业布局的影响，要谨慎安排产业布局。二是区域海洋经济关系。包括国民经济社会的总体利益与区域海洋经济利益的协调；沿海区域间经济利益关系的协调；沿海区域间经济结构的平衡。三是区域海洋经济政策制定。包括人口政策、海洋产业政策、海洋公共服务政策、海洋基础设施政策、就业和社会保障政策等。

在国家海洋强国战略的推动下，沿海各省区市在区域海洋经济发展上作出了持续的努力，沿海 11 省区市纷纷制定区域海洋发展规划，海洋经济未来有潜力成为沿海地区经济提升的核心动能。通过梳理广西，广东，海南、福建、

浙江、上海、江苏、山东、河北、天津和辽宁 11 个省区市海洋规划发现，与以往强调海洋经济增长、增速相比，11 省区市的规划更加突出绿色发展内容，在海洋资源利用上更加注重科技创新能力的增强。这表明在海洋经济结构的调整过程中，地方政府越来越关注海洋科技对于海洋经济实现高质量增长的重要性。

推进区域海洋经济高质量发展，关键在于制定能够实现区域协调、优势强化、产业互补的发展战略。一要满足沿海 11 省区市大、中、小城市不同层次的发展需求；二要建立更加高效的区域海洋协调发展机制，深入研究区域海洋经济核心竞争力，强化优势产业、淘汰落后产业。①

（二）着重构建区域海洋经济协调发展新机制

推进区域海洋经济空间布局与产业协调发展。第一，坚持中央协调、地力补充的原则。避免区域海洋经济空间布局碎片化、重复化，防止区域海洋发展结构性失衡，遵循经济发展的客观规律，进行区域海洋经济战略布局和空间选择，第二，坚持制度公平原则，塑造海洋经济市场有序流动、身体功能约束有效、海洋基础设施资源均等、资源环境可承载的区域海洋协调发展格局。第三，坚持战略协同原则。完善各沿海地区与海湾协同发展的政策方略，重点支持落后产业的快速迭代，培育具有核心技术和创新能力的海洋产业增长极。第四，坚持重点突破，优势互补的原则。大力推动和支持符合海洋强国战略的海洋产业集群，在渤海湾经济带、长三角经济圈、珠三角经济圈等战略分布集群，突出建设海洋新兴产业、海洋高科技产业和其他符合新动能要求的海洋产业，强势拉动弱势，优势漏汰劣势。

推进区域海洋经济高质量协调发展，重点是构建更加有效的区域海洋经济协调发展新机制，增强区域海洋发展的协同性、联动性、整体性。一是充分发挥海洋经济市场机制作用；二是构建区域海洋经济创新合作机制；三是构建区域海洋经济互助合作机制；四是构建区际补偿合作机制。特别是要加大对海洋经济发展不完全地区的支持力度，支持资源型地区海洋经济转型发展，坚持陆海统筹，加快建设海洋强国。重点推进涉海 11 省区市高质量协调发展。实现

① 邹美常，鄢波，黄子建．中国沿海 11 省驱动海洋经济发展的多元路径分析［J］．海洋湖沼通报，2022，（6）：157-163.

分海城省市协同高质量发展，是打造新的区域特色海洋经济圈、推进区域海洋发展体制机制创新的需要，是探索完整沿海城市群布局、优化区域海洋产业发展的需要，是探索生态文明建设有效路径，促进入口经济资源环境相协调的需要，是促进环海经济区、长三角、珠三角经济区发展，带动沿海省区市腹地发展的需要。

四、海洋经济高质量发展与体制建设

经济全球化是世界经济发展的必然趋势，中国经济高质量发展，要从经济大国发展为经济强国，必须坚持经济全球化的根本发展方向，协调好国内经济与国际经济的关系，全面推动中国国际经济的高质量发展，为社会主义现代化经济强国建设提供良好的外部环境和国际市场空间。

（一）牢固树立经济全球化发展战略思想

从中华人民共和国成立到改革开放，中国经济的全球化是艰难而沉重的发展过程，海洋经济更是长时间得不到快速发展。漫长的海岸线除海洋渔业捕捞和水产养殖外，其他海洋产业的发展进度和发展质量几乎可以忽略不计。而随着改革开放的不断深化，中国经济有了质的飞跃，外汇储备达到了空前高度，中国经济参与全球化市场飞速发展。

雄厚的陆地经济基础为海洋经济的蓬勃发展奠定了基础。长期积累的阔际市场经验也为海洋经济参与世界市场提供了参考和机遇。由于海洋水体的流动性等自然原因，海洋边界的划分是动态的，我们没有办法用陆域界限的方法测定海洋界限。同时，由于远洋运输、远洋捕捞、科考研究等活动的影响，全球化行为在海洋领域的表现更为活跃，国家政府经济合作、对外贸易、科研考察方面友好、平等、互利互惠的态度，为中国海洋经济的全球化发展奠定了非常好的基础。

中国海洋经济高质量发展，首先要协调好国内、国际海洋经济发展的空间布局关系，坚持国内国际资源、市场统筹发展的原则，在市场规制、资源开发生产制造、科技研发、人力资本、文化历史等全生产要素推行全球空间布局与协调发展。其次要坚定不移地提高开放型海洋经济水平，充分学习利用国外先进海洋经济发展经验与海洋经济生产技术，坚定不移地完善对外开放体制机

制。最后要构建多边海洋经济贸易合作关系，推动中国—东盟经贸合作圈建设，中国—东北亚经贸合作圈建设，中国—欧洲经贸合作圈建设，中国—北美经贸合作建设、中国—非洲经贸合作圈建设，推进中国海洋产业全球布局，鼓励中国涉海企业深入海洋，全球发展。

（二）推进国际贸易和国际涉海投资高质量发展

世界经济全球化发展的“发动机”就是国际贸易的繁荣。中国涉海类经济贸易全球化发展要以全面提升中国国际经济贸易的综合竞争能力为核心，加快建设中国涉海国际经济贸易向国际经济贸易强国的战略跃升。一是推动中国涉海类国际经济贸易从低端性的数量价格竞争、低附加值的产品数量竞争向高端性、高附加值产品战略性转移，全面提升中国涉海类国际贸易的综合创新能力。二是加速推进中国粗放型的涉海经济贸易向集约型的战略性转移，全面提升中国涉海类国际经济贸易的综合利益效率。三是推进中国涉海类国际经济贸易全球治理能力建设，为提升中国国际经济贸易制度规则话语权能力提供助力。

全面推进海洋贸易强国建设。一是推进海洋货物贸易服务优化升级。鼓励海洋装备制造、涉海产品国际品牌建设，高新技术、引导加工贸易转型升级。二是推进海洋现代服务贸易创新发展。鼓励海洋旅游、海洋文化、海洋大数据等服务贸易开拓国际市场，大力发展服务外包，打造“中国海洋现代化服务”国家品牌。三是培育涉海类贸易新生态。坚持鼓励创新、严肃活泼的原则，完善现代海洋服务体系、涉海类贸易政策框架和监督监管制度，支持市场采购贸易、跨境电子商务、外贸综合服务等健康发展，打造涉海类贸易经济新的增长点。四是推动涉海企业、产业进出口平衡发展，实施更积极的政策，扩大先进海洋技术装备、关键技术和优质消费品等的进口。

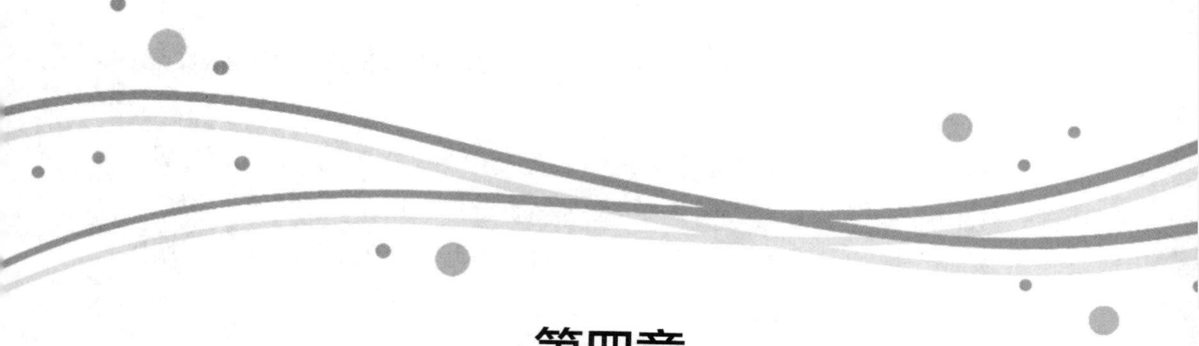

第四章
海洋知识经济建设

本章主题为海洋知识经济建设，包括四节：现代海洋经济与知识经济辨析、海洋高技术研究、海洋信息管理与海洋信息技术、海洋教育与海洋文化建设。

第一节　现代海洋经济与知识经济辨析

一、知识经济及其一般特征

（一）知识经济时代

一般认为，知识经济是指建立在知识的生产、创新、流通、分配和应用基础之上的经济。它以智力资源为依托，以高科技产业为支柱，以不断创新为灵魂，以教育为本源。一些专家认为，知识经济时代是继农业时代、工业时代之后人类社会的一个新阶段。

20 世纪中期兴起的以微电子技术为基础的新的科技革命，以异乎寻常的方式和速度刷新了人类社会的经济生活，同时加速了经济的知识化、信息化，使社会经济发展呈现出一系列有别于传统工业经济社会的新特点。

总部设在巴黎，以发达国家为主要成员国的“经济合作与发展组织”（OECD），在 1996 年发布了一系列报告，在国际组织文件中首次正式使用了

 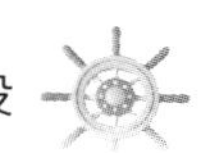

“知识经济”的概念。OECD《以知识为基础的经济》报告对知识经济的内涵进行了界定：知识经济是建立在知识和信息的生产、分配和使用之上的经济。报告把人类迄今为止创造的所有知识分为四个形态：即事实知识（Know-what）、原理知识（Know-why）、技能知识（Know-how）和人力知识（Know-who）。据估计，OECD主要成员国GDP总值的50%以上是以知识为基础的。[①]OECD在一份名为《技术、生产率和工作的创造》报告中写道，今天，各种形式的知识在经济过程中起着关键的作用，无形资产投资的速度远快于有形资产的投资，拥有更多知识的人获得更高报酬的工作，拥有更多知识的企业是市场中的赢家，拥有更多知识的国家有着更高的产业[②]。

（二）知识经济的一般特征

1. 知识成为主导性资本

这是知识经济的最重要的特征。知识始终是生产力的要素，它从属于劳动力，表现为劳动者的素质和技能。在工业经济社会，知识和科学技术就是一种重要的生产力，每一次科技革命都极大地推动了生产力的发展。在知识经济时代，知识不仅成为生产力，而且成为第一生产力，知识的生产、投入、再生产成为经济发展的主导。有的专家指出，目前发达国家的企业资产中，包括专利、商标等在内的无形资产的比例正在不断增加。

2. 信息成为主导性资源

资源可以分为信息资源和实物资源两大类。经济活动离不开实物资源，但对信息资源的利用和开发程度却反映出经济发展的不同层次。在工业社会，信息被当作一种劳动手段；而在知识经济时代，信息则主要是劳动对象和劳动成果，信息作为一种独特的资源，进行着独特的生产，出现了信息业这种所谓“第四产业”。

3. 知识的生产和再生产成为生产活动和经济活动的核心

在知识经济社会，知识是发展经济的战略资源和资本，因此知识的生产和再生产就成为整个社会经济活动的基础和核心。知识的生产，就是知识的创造和开发；知识的再生产，就是知识的传播和不断增长。在工业经济时代，资本

---

① 经济合作与发展组织（OECD）.以知识为基础的经济［M］．北京：机械工业出版社，1997.

② 经济合作与发展组织. OECD科学技术和工业展望 2004［M］．北京：科学技术文献出版社，2006.

特别是金融资本，居于核心地位，资本积累和增值成为最重要的目标；在知识经济时代，知识的创造、知识的储存、知识的传播、知识的应用成为经济活动和经济运行的基础。知识经济在资源配置上以智力资源为第一要素，通过知识智力对自然资源进行科学、合理、综合、集约的配置，不依赖土地、石油等已经短缺的自然资源。对包括自然资源在内的全部经济资源进行有效合理配置，实现经济社会的可持续发展，主要依赖于知识的运用和生产。

二、现代海洋经济是知识经济

（一）海洋经济发展的战略性转变

浩瀚无垠的海洋孕育了无数神奇美妙的生物，也为人类提供了丰富的物质财富。因为拥有广袤而富饶的海洋，蔚蓝色的地球才得以焕发生命的活力，从而孕育出辉煌的人类文明。海洋资源的利用和开发是人类文明漫长历史演进中不可或缺的一环，它与人类的生存、社会的进化和发展密不可分。在农业文明走向工业文明，世界工业化浪潮持续推进与蔓延，新科学技术飞速发展的今天，浩瀚的海洋在社会经济发展中越来越显示出它的重大价值与意义，海洋经济已成为备受关注且具有重要战略的经济发展领域。

海洋是一个开放而复杂的系统，它涵盖了物理、化学、地质和生物等多种现象和过程，这些现象和过程在时空尺度上相互作用。海洋，是一个蕴藏着无尽宝藏的宝库，陆地上能获取的资源在海洋中同样也能获取到。

自 20 世纪 60 年代以来，由于经济、技术和军事等多种因素的推动，传统海洋经济活动已经经历了一次战略性的根本性变革，从传统的海洋开发利用向大规模综合性海洋综合开发利用转变，并形成了海洋工程等多个新兴技术领域。这一次转型催生了海洋经济的蓬勃发展，为我们开启了一个全新的海洋经济时代。

现代海洋经济活动之所以蓬勃发展，是多种因素的相互作用所致。全球范围内的资源危机，是工业化进程和社会经济发展所引发的，它对于扩大海洋开发和实现海洋经济发展的战略转变，具有至关重要的影响。陆地面积仅占据全球总面积的 29%。随着人类社会文明和人口的不断演进，陆地上的生存空间和自然资源已经无法满足人类对于生存和社会经济发展的迫切需求。随着现代工

业文明的不断进步，陆地资源日益稀缺，一些自然资源濒临枯竭，社会经济的发展对各种资源的需求不断增加，于是人类开始向广阔、深邃、富饶而又充满神秘色彩的海域进军，探索大海的奥秘。人类的前进方向在于开拓海洋，与海洋这一广袤领域相比，陆地的空间和资源相对有限，而人类也无法永远居住在陆地上。另一方面，电子计算机、遥感、激光、材料、机械制造及交通运输等方面技术上的重大突破，给海洋的综合开发与利用提供了所需的技术前提与条件，而这些研究成果正以令人惊叹的速度进入人们的视野。此外，随着海上军事争夺的不断升级，现代海洋经济活动得以全面展开。随着经济活动向海洋延伸，海洋和陆地的经济发展差异将逐渐缩小，从而推动人类经济发展模式的显著转变。人们已经达成了一致共识，即 21 世纪是海洋世纪、是以海洋经济为主导的时代。

（二）以知识和高技术为基础的现代海洋经济

人类以海洋资源为基础，展开了一系列涉及生产、交换、分配和消费的活动，这些活动被称为海洋经济。海洋资源的开发利用在传统的海洋经济活动中呈现出浅层次、单调的状态，其经济过程的基础在于人类的劳动、经验和传统技术。自 20 世纪 60 年代起，随着海洋开发的全面展开和海洋产业结构的不断丰富和升级，现代海洋经济得以迅速崛起，呈现出立体、大规模、综合性的面貌。现代海洋经济的发展离不开资本、知识和高科技的支撑，这些因素共同构成了其经济过程的基石。大致海洋资源勘测，小至生产过程启动、海洋劳动流程、经济运行流程以及海洋管理都离不开整体知识体系与前沿科技的共同支撑。现代海洋开发活动所采用的技术设备，包括但不限于空间遥感技术、深潜技术、现代声学技术、电子计算机技术、自控技术以及机器人等，这些技术与设备几乎与宇宙开发一同进入海洋开发领域。海洋科学技术的突破和进展是决定现代海洋开发广度和深度的关键因素，因为这是一个高科技、尖端技术密集的行业领域。现代海洋高新技术的蓬勃发展和广泛应用，离不开一套完整的海洋科学知识体系和其他科学方法的支撑，包括法学、物理海洋学、海洋化学、管理科学、海洋地质学、信息科学、海洋生物学、经济学、信息论、控制论、系统论等。现代海洋高新技术发展离不开科学知识与手段的驱动，它们构成海洋开发技术持续发展的知识基础，还保证并维持现代海洋经济活动高效、科学地运行。随着当代海洋科技和海洋产业的不断发展，海洋科学、海洋技术、海洋开发和海洋经济活动正在逐步融合为一个综合的一体化进程，而海洋高新技术的成长则离不开海洋科学知识和其他科学知识的不断积累。由于海洋经济的独特性质，现代海洋科技和海洋开发呈现出跨学科的融合和国际紧密合作的趋势，因此，任何国家或地区的海洋开发活动都必须充分利用全球知识资源和其他国家的技术优势，以建立在当今世界所有科学知识和技术成果的基础上的现代海洋经济。根据上述分析，可以得出结论，现代海洋经济是以知识为核心的经济模式。海洋知识经济是建立在知识积累和高科技发展的基础上的海洋经济。

要深刻理解海洋知识经济，必须对海洋科学和海洋开发的主要技术进行全面而深入的探究。

海洋科学是对海洋的自然现象、过程、性质和变化规律进行深入研究，并构建与海洋的开发和利用相关的知识框架。它的研究对象，既包括海洋（其中包括海洋中的水以及溶解或悬浮于海水中的物质，生存于海洋中的生物），也包括海洋底边界——海洋沉积和海底岩石圈，以及海洋的侧边界——河口、海岸带，还有海洋的上边界——海面上的大气边界层等等。它的研究内容，既有海洋中的物理、化学、生物和地质过程的基础研究，又有面向海洋资源的开发、利用以及有关海洋军事活动所迫切需要的应用研究。这些研究，与物理学、化学、生物学、地质学以及大气科学、水文科学等均有密切关系，而海洋环境保护和污染监测与治理，还涉及环境科学、管理科学和法学等等。海洋科学研究的特点，首先表现在它明显地依赖于直接的观测。直接观测的资料既为实验研究和数学研究的模式提供可靠的依据，也可对实验和数学方法研究的结果予以验证。使用先进的调查船、测试仪器和技术设施所进行的直接观测，有力地推动了海洋科学的发展。其次是信息论、控制论、系统论等思维和方法，在海洋科学研究中越来越显示其作用。借助于信息论、控制论和系统论的观点和方法，对已有的资料信息进行加工，借助系统功能模型进行的研究取得了很好的效果。现代海洋科学在其发展过程中，学科分支越来越细，研究越来越深入。研究越是深入，各分支学科之间就越是相互交叉、相互渗透、彼此依赖。这种趋势使海洋科学研究和海洋科学理论体系具有综合性、整体性的特点。

海洋开发依赖于科学技术的支撑。现代海洋开发技术是一个包括信息采集

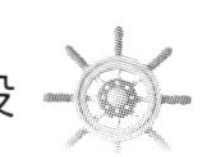

与处理技术、工程技术和生产技术等在内的庞大的综合体，是一个知识和资金高度密集的技术体系。这一技术体系包括海洋开发的基础技术和应用技术两大类。基础技术是海洋开发各领域共同需要的通用技术，这类技术薄弱，海洋开发就难以顺利进行；应用技术是海洋开发专门领域直接将知识、基础技术转化为生产力的技术，与基础技术相比，应用技术获得经济效益的途径更为直接。海洋开发的基础技术主要包括：空间遥感技术、电子计算机技术、现代声学技术、潜水技术、勘探技术、船舶技术、遥测技术、自动控制技术等。海洋开发的应用技术主要包括：海水增养殖技术、海洋矿物资源开发技术、海洋生物技术、海洋制药技术、海水淡化技术、海洋能利用技术、海洋空间开发技术、海洋防污消污技术、海洋化学元素提取技术等。

现代海洋开发技术具有以下几个基本特点：

技术的综合性：海洋资源的分布是立体的，多层次的，不同的海区和水域有不同的海洋资源，就是在同一海区和水域也并存着多种海洋资源，这样就使许多海洋开发项目相互交叉、相互联系，各种海洋产业之间相互制约、相互影响。此外，各种海洋开发活动又受到海洋环境和生态系统的制约，海洋开发活动本身也必然要对海洋环境和生态系统产生影响。因此，任何海洋开发技术的应用都不可能是单一的、孤立的，而是需要其他海洋科技手段的配合运用和协同作战。海洋开发活动的特点决定了海洋开发技术是一个多技术密切结合的综合性的技术整体。

技术的全球性：一个国家的海洋疆界和管辖权是有明确范围的，但海洋资源如洄游鱼类、公海航道等，以及海洋污染、海洋灾害等则是无疆界的，因此海洋开发以及海洋问题的解决必然要求国际的密切合作，海洋科技的发展及其应用也必然具有全球性的特征。同时，现代海洋开发工程如大规模的海洋调查和勘测、海底油气开发、深海锰结核勘探与试采、南极磷虾的调查与捕捞、水产增殖放流、海上污染控制、海底隧道工程等，不仅同时涉及不同国家和地区间的利益，而且所需资金数额巨大，技术难度大，这在客观上要求加强国际技术合作，采取联合行动。

技术的复杂性：海洋环境严酷多变，海洋开发难度大，技术要求高，因此现代海洋开发技术是一个高尖端、具有高复杂性的技术领域，与其他工程技术相比，海洋开发技术更多地依赖多方面的知识支持。海洋开发技术涉及许多具体的专向技术，每一项海洋开发活动都是一个技术综合体，现代海洋开发离开了诸如声学技术、空间技术、电子技术、激光技术、遥感技术、地面模拟技术、潜水技术等就无法进行。技术的复杂性，决定了海洋开发和海洋经济活动是一个知识密集、技术密集和资金密集的产业领域，海洋经济的发展直接依赖于海洋科学技术的突破，这种突破又要求多学科、多技术的共同努力。从这个意义上讲，海洋经济是一种较为典型的知识经济。

（三）现代海洋经济的产业结构

传统海洋经济活动向大规模综合现代海洋开发活动的转变，导致了一些新的海洋产业的出现，形成了内容丰富、结构完善的现代海洋经济体系。现代海洋经济的产业结构主要体现在以下几方面。

1. 海洋渔业

海洋渔业涵盖了多个领域，其中包括海洋捕捞、海水增养殖等多个行业。在过去的二三十年中，由于近海捕捞生产一直处于低效的状态，一些渔业发达国家开始将目光转向外海和远洋，这一趋势为世界外海和远洋渔业的长足发展奠定了基础。为了维持和恢复海洋自然生产力，一些濒海国家积极推进海水鱼、虾、贝、藻类的增养殖，不久便形成了规模较大的海洋渔业，进而使得海洋渔业从“狩猎型”向“农牧化”转型。

2. 海洋石油天然气开采业

世界近海石油储量已探明为365.6亿t，近海天然气储量为30.1万亿m^3。目前，海上石油勘探正由大陆架向大陆坡、大陆隆发展。据预测，今后全世界发现的石油资源中，海洋石油将占2/3，而海洋石油资源中将有一半来自超过200 m水深的陆坡区。海洋油气开采将是一种占主导性的海洋产业。

3. 海洋固体矿产开采业

目前，世界上已经开发了多种滨海砂矿，主要包括独居石、锡砂、沙金、金红石、钛铁矿、锆石等。由此可见，海洋固体矿产的商业性开发已经取得了重要的进展。如今大洋多金属结核还在试采阶段，在深海采矿研究上已经有一些国家处于领先地位，如法国、德国、日本。

4. 海洋制药业

海洋制药业是以波谱分析技术、生化分离技术、化学合成和半合成技术、

化学工程等为基础的高新技术产业。海洋制造业在最近几年中，不仅在技术上有了突破性进展，同时还形成了产业规模，并出现了大量的新产品，这些都是现代海洋经济发展的一个新增长点。人们将各种疑难杂症的解决方法寄托于海洋的天然产物中，这是因为海洋产物有着各种各样的类别，生理活性也较为独特。在生化分离技术和波谱鉴定技术不断发展的条件下，可以相对轻松的鉴定和分离一个化合物，从而确定其分子结构。因此，对海洋生物活性物质的研究可以为许多药物化合物提供分子模型，以启发人们合成或对现有分子进行化学改造，从而达到我们的目的；与此同时，还能利用基因工程、细胞工程等现代生物技术手段，来培养新的药源生物，从而解决海洋天然产物的药源问题。

5. 海水资源利用

海水资源利用主要是从海水中提取盐、溴、镁和海水淡化与海水直接利用等。世界上海盐年产量目前为 5 000 多万 t，在世界盐类总量中所占比重为 1/3。世界上有 99%的溴资源都在海洋中，在海水中每年能提溴约为 10 万 t。每年海水提镁有 270 万 t，占世界镁产量的 1/3。在海水淡化的方法中，有一些方法已经达到了工业生产规模，如电渗析法、蒸馏法、反渗透法等。沿海国家在海水的开发利用上十分重视，在工业冷却水上，仍以海水为主，目前美国、意大利、日本和英国等国家海水开发较多，其中一些已能满足 40%～50%的工业用水需求。

6. 海洋能源利用

海洋能源利用，一般是指利用海水中的波浪能、潮汐能、潮流能、温差能和盐差能来发电。据测算，世界海洋能源的理论蕴藏量为 1 500 多亿 kW，可开发利用 73.8 亿 kW。[①]目前，潮汐能发电技术已较成熟，并逐步向大型化发展。其他海洋能利用尚处于开发试验阶段。

三、现代海洋经济发展战略

（一）加快发展海洋经济的战略意义

海洋经济是一个具有未来意义的经济发展领域。如前所述，现代海洋经济

① 周守为，李清平．开发海洋能源，建设海洋强国［J］．科技导报，2020，（14）：17-26.

活动是在陆地资源日趋短缺的情况下迅速兴起和大规模展开的。面对世界范围内日益严重的资源危机，人们清醒地认识到，仅靠陆地资源，人类经济生活是难以长久地维持下去的，而海洋作为资源丰富且尚未得到充分开发的庞大领域，将有可能为人类社会生活提供极大的资源保证，为解决陆地资源危机问题提供巨大的可能性。目前，世界各海洋国家都对发展海洋经济倾注了极大的热情和力量，发展海洋科技，开发海洋资源，受到特别的重视。

我国海洋的占地面积已经超过了全国的耕地总面积，大陆架渔场的总面积已有 150 多万平方千米，这足以表明我国是一个海域十分辽阔的海洋大国。在社会不断发展的条件下，人类必将会面临各种资源枯竭的问题。因此，我们必须深刻认识到海洋的重要性，紧抓机遇，制定科学合理的海洋开发策略，积极推进海洋科技创新，加速海洋经济的蓬勃发展。

1. 维护国家海洋权益

如果濒海国家只注重陆地发展而忽视海洋优势的发挥，那么它们的实力将会受到削弱，这一点已经被历史所证明；相反，只有将海洋资源的开发和利用置于优先位置，才能实现海陆一体化，从而推动经济的蓬勃发展。只有发展壮大海洋经济，才能更好地保障国家的海洋权益。

2. 增强国力

西方国家之所以能够成为世界上最强大的殖民国家，是因为其拥有先进的船舶和航海技术，这些技术的高度发展为其奠定了坚实的基础。尽管我国拥有丰富的海洋资源，但相较于发达国家，开发程度仍有较大差距，因此，我们必须高度重视海洋资源的开发，积极推进海洋高新技术的研发，以提升我国的经济竞争力。

3. 产业结构优化和调整

发展海洋经济，不仅有利于产业结构的调整，还有利于优化经济布局。一方面，海洋高新技术的进步有利于促进海洋的开发，这是因为海洋高新技术为海洋产业和其他相关产业提供了科技支撑；另一方面，海洋产业与其他相关产业是相互支撑、相互发展的关系，相关产业支撑着海洋产业的发展，海洋产业的发展也带动着相关产业的发展，这种互相帮助的条件有助于实现整个经济结构的优化与调整。

4. 增进国际合作，扩大对外开放

海洋环境和海洋资源的特殊性要求在海洋研究和开发需要与国际进行紧密联系的合作。加快发展海洋经济有助于加强国际合作，在吸引外国投资、引进外国先进技术和改善工人培训方面发挥着重要作用。中国的国际经济技术交流和海洋合作日益活跃，由于外国投资和技术的参与，中国海洋领域也加快了发展速度。

5. 提高我国国民的身体素质和健康水平

要想能从海洋中源源不断的获取海产品，只有充分开发并利用海洋资源，这些丰富的海产品能调整并改善我国人民的食物结构，从而很好地提升国民的身体素质。这是因为海产品中含有 DHA 等各种物质和其高蛋白低脂肪的特点，海产品不仅对人们的智力水平和健康水平有提高效果，同时还具有多种药用价值。伴随着海洋产业结构不断发展与丰富，海产品的开发也将持续不断，这将极大地提升我国人民的生活质量与水平。

（二）海洋经济发展战略的制定

与海洋环境的特殊性和海洋科学技术的特点相联系，海洋经济有别于其他经济领域。首先，海洋经济是技术和资金高度密集的产业。海洋开发完全依赖于海洋科技的支持，离开了海洋技术便寸步难行；一个海洋开发项目的进行需要不同学科和不同层次的多种技术的密切配合，任何一项海洋开发活动都是一个技术系统工程，因而海洋开发成本高、耗资多。例如，在大陆架海区建造一座现代化的平台，通常需要投资几千万美元乃至上亿美元。其次，海洋开发的自然环境恶劣，灾害多，风险大，且不同开发活动之间存在着相互影响、相互制约的关系。在海上或海下作业，受变幻莫测的海洋环境的影响很大，往往有灾难性打击，所以海洋开发投资有极大的风险。另外，海洋开发的立体交叉作业使得不同海洋开发活动之间相互影响、彼此制约，比如在近海区开采石油，就会对海水养殖业产生影响。现代海洋科学技术和海洋开发的上述特点，决定了及时制定海洋经济发展战略的必要性。另一方面，现代海洋开发对未来经济和社会生活将产生巨大的影响，这就使得有计划、有步骤、有效而合理地开发海洋资源具有特别重要的意义，彰显了及时制定海洋科技和海洋经济的发展战略的重要性。

海洋经济发展战略是指在较长时期内，如 5 年、10 年、20 年，根据对海洋科技和海洋开发的各种条件、各种因素的估量，从关系海洋经济发展全局的各个方面出发，考虑和制定海洋经济发展所要达到的目标，所要解决的重点，所要经过的阶段以及为实现上述要求所采取的力量部署和重大政策措施等。它涉及海洋科技和海洋开发的发展中带有全局性、长远性根本性的问题，海洋经济发展战略，不是某个单一的政策或规划，而是由不同层次，不同层面的有关政策、方针构成的决策体系。

制定海洋经济发展战略，既要从国情出发、从本国海洋科技和海洋开发的发展现状和实际出发，还要考虑到世界海洋科技发展的态势和海洋开发的总格局，充分注意到世界科技和经济发展形势给本国海洋事业发展提供的有利条件和时机；既要认识到发展海洋科技和加快海洋开发步伐的重要性和战略意义，考虑到海洋科技和海洋开发客观发展趋势的迫切需要和客观要求，又要从实际经济效益和现实可行性出发；既要看到需要又要注意到可能；既要看到可能性又要注意到经济性；要把需要与可能、可能性与经济效益结合起来加以通盘考虑。

海洋经济发展战略的制定，大体可分为以下几个步骤：第一，进行前期研究。可制定一项总体发展战略，需要有充分的前期研究准备。在前期研究中，最重要的是要确定海洋经济发展的评价原则，即确立其发展的根本性的指导思想，这种指导思想将对“发展什么、不发展什么”“先发展什么、后发展什么”这类根本性问题以及战略目标的选择产生决定性影响。第二，制定战略目标。战略目标的制定要考虑到战略目标的具体性、全局性、可行性、最优性、长期性等要求和特点。第三，制定战略措施。这主要包括确立和选择实现战略目标的手段、达到战略目标的途径、方式以及所经历的阶段等。第四，制定各层面、各行业的发展战略。为实施海洋经济和海洋开发的总体发展战略，海洋科技的各个层面、各组成部分以及海洋经济的各行业也必须相应地制定各自的“子战略”。在制定这种发展战略的过程中，要明确各自的发展重点，要注意各层面、各行业之间的比例关系与协调发展。第五，确定衡量指标。发展战略的实施需要有衡量它的指标，正确的衡量指标应是体现全面发展、综合效益的指标体系，其中既要有发展的数量指标，又要有质量指标；既要有经济效益指标，又要有生态环境及社会效益指标等。

（三）海洋经济发展战略的实施

以现代海洋科技为背景的现代海洋经济活动，在活动范围上打破了传统的简单的平面产业结构，开拓了立体的海洋产业空间，生产资料日益进步，劳动对象不断扩大，劳动产品日益丰富。近几十年来，海洋开发在深度和广度方面都获得了巨大的进展，现代海洋经济与传统的海洋开发相比，具有了全新的价值和意义。现在，世界主要海洋国家越来越重视海洋开发，向海洋进军的步伐日益加快，海洋能发电、深海采矿、海水化学元素提取、海洋空间利用等都将获得突破性发展，海洋将为人类提供大量的工业原料、能源和食品，海洋经济产值将大幅度提高，海洋经济在人类生活中的地位和作用将显得十分重要。

制定海洋经济的发展战略，对于海洋经济的顺利发展和经济效益的不断提高，对于人类社会的未来，都会起到决定性的影响。尽管目前世界各国海洋开发的重点各不相同，海洋开发的广度和深度也不尽一致，但从长远看，它们有着大致相同的努力方向和发展目标。

首先，现代海洋经济作为一种知识和技术密集的经济，其发展状况取决于现代海洋科学技术的发展，从整个海洋经济发展来说，积极推进海洋科技进步具有非常重要的战略意义。目前，海洋科技发展更加迅速，更加令人瞩目，一系列现代海洋技术如潜水技术、水下施工技术、海上建筑技术、水产养殖技术、海水淡化技术、海底采矿技术等已成为现代海洋开发的技术支柱，也是人们着力研究和探讨的中心技术课题。

发达国家的海洋科技发展战略目标，基本上体现了世界海洋科技发展的趋向，尽管各国在具体发展战略目标的选择上可能会有所侧重，甚至会有较大的差距，但推动海洋科技进步已刻不容缓，摆在人们面前的课题和任务是共同的。在发展海洋科技上，应考虑采取如下战略措施：第一，基础科学与应用技术发展并重。如果说海洋开发主要依赖于海洋技术的进展，那么海洋技术的发展则主要取决于海洋科学理论研究；如果说在 20 世纪中期以前，海洋技术发展与海洋科学理论成果的关系还不是十分紧密和直接，科学理论的突破还不至于立即引起技术上的进展的话，那么 20 世纪 60—70 年代以来，海洋技术工程与海洋科学理论研究则紧密地关联在一起，二者日益融合统一，从科学理论到技术工程的转变非常迅速而直接。在此情况下，发展海洋技术就必须同时注重海洋基础科学理论研究，二者不能偏废，这是关系到整个海洋事业发展的长远战略，应予以高度重视。第二，以发展应用技术为中心。尽管海洋科学与技术发展要并重，但海洋科学理论研究要服务于海洋技术发展，理论要注重应用，科学要注重向技术转化，整个海洋科学技术发展要以发展应用技术为中心，因为离开了应用技术，海洋开发就无从谈起。现代海洋开发的技术密集特点，决定了发展应用技术的战略地位，只有注重发展海洋开发的应用技术，才能推动海洋经济高速度、高效益地向前发展。第三，以发展高技术、先进技术为主导。现代海洋技术大部分属于尖端技术，现代海洋开发实际上主要依靠的是高技术、先进技术，如果在现代海洋开发中没有高技术、先进技术来支持，那么我国海洋经济活动就不可能得到大规模的拓展，就不可能朝着纵深方向发展，也会失去在世界上的竞争能力。在今后的海洋开发中，越来越多地要应用微型计算机、激光、光导纤维、生物工程和机器人等先进技术，来提高开发效益。所以，发展海洋技术必须以发展高技术、先进技术为主导，要不惜下大力气、花大本钱发展海洋尖端技术，只有这样，才能使海洋开发不断深入。第四，以发展高效益或能带来直接效益的技术为先导。发展海洋技术需要巨额投资，随着海洋先进技术的发展，投资额会成倍增长。在这种情况下，应优先发展那些能带来显著效益或直接效益的海洋技术，尤其是一些发展中国家，发展海洋科技要从实际经济效益出发，要考虑到经济可行性，应优先发展投资少、费用低、能带来近期效益的海洋技术。现在，世界各国发展海洋科技越来越重视其实际的经济效益，越来越注重对技术的经济可行性的评价，这是符合科技发展的经济原则的。

其次，在大力推进海洋科技进步的同时，应根据本国情况制定海洋开发的总体战略，这一总体战略大致有以下几点：第一，由近海到远洋的开发战略。人类对海洋的开发利用是从海岸带开始的，即从港口与海上交通开始的，随着传统的海洋开发向现代海洋开发的转变，近海区域已被综合开发，发展了多种产业。世界各海洋国家都应根据本国海洋开发技术的发展情况，确定由近海到远洋的开发战略。这是事关未来的长远战略，实现这一发展战略，应分步骤、分阶段地逐步进行。第二，因地制宜的开发战略。不同国家的所属海域以及同一国家的不同海区有着不同的特点，其资源分布也不尽相同，甚至差别很大，

因此，海洋开发必须采取因地制宜的发展战略，根据不同海区的资源分布的不同情况，有侧重点地进行开发，不可搞“一刀切”。第三，注重经济效益的开发战略。现代海洋开发作为一个巨大的技术系统工程，需要巨额投资，海洋产业的生产成本很高，估计在短期内难以降低，随着海洋开发由近海向远洋推进，投资额会成倍增加，并且受海洋环境的影响，向海洋投资总带有一定的冒险性。因而，海洋开发必须注重经济效益，讲求生产成本与劳动成果的比较，争取以最小的劳动耗费取得最大的劳动成果。为此，必须对每项海洋开发活动进行全面的综合研究，进行经济可行性方面的评价，进行严格的经济管理。

最后，海洋科技和海洋经济的发展，决定性的因素是人才，因此必须把海洋科技与管理人才的培养放在至关重要的战略地位上。海洋开发离不开人才要素和物质要素，人才要素主要是指掌握一定的海洋科技知识和操作技能的专业技术人员、管理人员，以及从事海洋科技研究的人员和专家等；物质要素则主要是指海洋科技与装备。要发展海洋经济，加快海洋开发的步伐，就必须重视人才培养，这是一项带有基础性的、根本性的发展战略。目前，全世界从事海洋事业的技术、管理人员和专家已达数千万人，其中美国从事海洋工作的人数有 200 多万人，相当于目前美国的全部农业劳动力人数。海洋高新技术的竞争，本质上是人才的竞争。没有一定数量和质量的海洋科技人才队伍，海洋科技和海洋经济的发展就无从谈起。为此，必须十分重视海洋教育，加大海洋科技人才培养的力度，为海洋科研与技术人员提供良好的工作环境与条件。

第二节 海洋高技术研究

知识经济可以理解以是高科技产业为支柱的经济。高技术的发展正在引起国际生产、消费和社会生活一系列深刻的变化。海洋资源丰富多样，是 21 世纪开发和竞争的主要对象。

一、海洋高技术的内涵

高技术一词起源于美国。高技术指的是对国家的经济产生的影响巨大，并且拥有着十分广泛的社会与经济效益、有潜力形成新产业的新技术或尖端技术。高技术是一系列的新兴技术的集合。根据联合国组织的分类的方式，高技术主要有信息科学技术、生命科学技术、新能源与可再生能源科学技术、新材料科学技术、空间科学技术、海洋科学技术、有益于环境的高技术和管理科学技术。因此，海洋高技术成了高技术领域一个不可或缺的部分，它涵盖了在海洋监测、海洋探索、海洋开发利用和海洋环境保护方面应用的新技术。那些应用于海洋领域的新技术，包括海洋监测与探测技术、海水淡化技术等，都可以视为海洋高技术。

二、海洋高技术产业是知识经济的重要组成部分

（一）海洋高技术产业的特点

1. 高风险、高投入、高收益

海洋高技术产业的重点是高度先进的技术，其研究与开发水平位于科学技术的最前沿。这些技术的突破困难重重，失败的可能性较高，因此带来了海洋高技术产业的技术风险；海洋灾害的频繁发生也是造成高风险的因素之一。无论是开发海洋油气资源还是海洋生物资源，要在短时间内将产业规模快速扩大，都需要大量的资金的投入。与此同时，海洋高技术产业也是一种高回报的产业。

2. 各种技术的集成

海洋高技术产业是基于科学理论与技术建立起来的新兴产业，它融合了多种科学技术知识。海洋高技术产业的发展，直接依赖于相关科学和高技术水平的突破。

3. 创新是海洋高技术产业发展的基础

海洋高技术产业的发展与创新的关系十分密切，包括知识和技术的创新。为了实现持续的发展，企业必须根据市场需求不断进行创新，在生产上应用最新的技术和理论知识，并将其转化为具有竞争力的产品，将产品生产的成本压

下去。在海洋油气开发领域，关键技术的创新能够让不具备商业开发价值的边际油田变得具有商业价值；而在海洋生物技术领域，技术的突破能够催生新产业的形成。

4. 国际化发展趋势

海洋高技术产业的国际化是指海洋高技术产业的技术、资金市场和管理的国际化。20 世纪 90 年代以来，全球范围内，海洋高技术产业的全球化趋势日益增强。这种趋势表现为地区贸易集团的扩大，促进了高技术、信息与资金在不同国家与地区之间的流动。

（二）海洋高技术产业的发展

海洋高技术的发展带动并形成了一些新的海洋产业。当前阶段，海洋高技术产业主要含有：海水淡化产业、海洋保健品与海洋药物、海洋仪器设备制造业以及海洋信息服务业等。

1. 海洋油气业

海洋油气业是现代海洋开发中典型的高技术产业。从海上油田的勘查、钻井、开采和油气集输到提炼的全过程，几乎完全靠高科技的支撑。当前，全球有超过一百个国家与地区参与了海洋油气勘探与开发的活动。海洋油气业产值占世界海洋经济总产值的一半左右。

2. 海水养殖业

20 世纪 80 年代，海洋生物技术的发展极大地推动了海水养殖的发展，养殖的品种包括鱼、虾、贝、藻类的上百个品种。生物技术在海水养殖中的应用已成为当前国际上的主攻方向，包括了育种、性别控制、养殖新技术、种质保存和病害防治等。目前，我国海水养殖产量已占海洋水产品产量的三分之一。

3. 海水淡化产业

尽管中国在海水淡化领域基本具备产业化发展的条件，然而，在研究水平等许多方面与国外相比依旧有着很大的距离。因此，迫切需要快速构建起中国海水淡化设备市场上的一条完整的产业链。为了解决海水淡化成本的关键问题，需要发展核心技术，如膜与膜材料、关键装备等，推动自主研发具有自主知识产权的海水淡化的新技术、新工艺、新装备与新产品，提高核心材料和设备的国产化的水平，提升自主建造大型海水淡化工程的工作能力。

4. 海洋保健品和海洋药物

将海洋生物资源中的一些活性物质加工成海洋保健品和海洋药物是新近发展起来的新兴产业。随着海洋生物技术的发展，这一新兴产业也将获得大的发展。

5. 海洋仪器制造业

海洋监测高技术的发展带动了海洋仪器制造业的形成，并使其成为高技术产业。包括海洋环境要素的监测仪器、自动检测系统，海底地形地貌的各种探测系统，海洋深潜系统等。

6. 海洋信息服务业

随着海洋开发活动的蓬勃发展，尤其是计算机技术、通信技术、网络技术的发展，海洋信息服务业也被纳入海洋高技术产业之中。

三、我国海洋高技术的发展战略

（一）我国海洋高技术发展的原则

依照中国海洋事业对于海洋高技术的需求程度，结合全球海洋高技术的现状分析与未来发展的状态，并依照海洋高技术的特色，中国海洋高技术发展遵循以下原则：首先，致力于提升我们在保护国家海洋主权与权益方面的技术能力；其次，促进海洋产业的发展，提升技术水平，对新兴海洋产业的增长进行推动；再次，努力提高海洋环境监测技术水平，使海洋可持续利用；最后，加强自主创新能力，培养出更多的相关领域的高素质学生。

（二）海洋高技术发展的优先领域

进行海洋环境立体监测系统技术研究和示范试验，旨在开发各种技术，包括近海环境自动检测系统技术、中程高频地波雷达海洋环境监测技术和海洋遥感环境监测应用系统。这些技术将构建一个全面的海洋环境立体监测系统，以实现对海洋环境的全面监测和评估。例如高精度 CTD（温盐深）测量技术等海洋环境调查仪器设备的研制；海洋遥感环境监测多波地震勘探技术等海洋遥感应用技术的研究；高温超压地层钻井技术等海洋油气资源的开采技术；深水多波地震勘探技术等陆坡深水盆地油气勘探开发技术，等等。

第三节　海洋信息管理与海洋信息技术

一、海洋信息管理

（一）海洋信息的特征和内容

海洋信息是指与海洋相关的信息，包括描述一块海域的空间、自然、经济和权属属性及各属性间相关关系的信息。这些信息以数据的形式存储在计算机系统中，形成数据库。数据库各功能模块及计算机硬件资源的数据调用通过数据库管理系统来实现。

1. 海洋信息的特征

（1）真实性

真实的信息才具有价值。真实、准确、客观的信息可以帮助管理者作出正确的决策，而虚假、错误的信息则可能会令管理者作出错误的决定。确保海洋信息管理过程中信息的真实性至关重要。信息真实性一方面表现为信息搜集的正确性，如海籍调查结果必须满足一定的精度要求，海域权属调查的结果必须准确；另一方面表现为信息传输、存储和加工处理过程中的不失真。

（2）综合性

海洋是一个综合体，涵盖了自然和经济领域的广泛特征。因此，海洋信息的特点是综合性的，能够覆盖广阔的自然和经济领域。由于信息的多样性、复杂性，将这些信息有机地组织在一起并形成一个有序的整体是海洋信息管理的一个难点。

（3）基础性

海洋信息在国民经济中扮演着重要的角色，它不仅为海洋资源和资产管理等专业目标提供服务，还是中国国民经济的基础信息。海洋经济及其他相关领域所需的大量信息，都与海洋信息息息相关或以海洋信息为基础。

（4）时空性

海洋信息的时空性指的是将海洋时空作为最基本的框架，其中包含并记录了很多相关属性。表达空间的最好手段是图件，所以海洋管理的各项业务工作都离不开图件。

（5）严肃性

海洋信息具有法律效力，因此，对海洋信息的记录必须完整、准确。

2. 海洋信息的内容

海洋管理的内容会随着社会发展的需求和人类对海洋自然、社会、经济特征认识程度的加深而变化。按照我国当前海洋管理的内容，海洋信息的内容可分为以下几个部分：

（1）海籍管理信息

海籍管理是海洋管理的基础，因此，海籍管理信息在整个海洋管理信息中处于基础信息的地位。海籍管理信息包括海洋资源调查等工作中所产生的全部图件、数据、文字和声音等信息。

（2）海域权属管理信息

海域权属管理信息主要包括海域产权制度的系列动态文档、海域使用权的确权、海域使用权出让与转让、海域权属调整等信息。

（3）海域利用管理信息

海域利用管理信息包括海域利用和管理、未利用海域的开发利用管理、围填海控制、海洋功能区划、海域利用的调控与监督管理等信息。

（4）海域市场管理信息

海域市场管理信息主要包括海域使用权市场交易管理制度文档、海域使用权市场供需、海域使用权市场交易情况等信息。

（5）海洋管理的政策法规与技术规范类信息

海洋管理的政策法规与技术规范类信息包括海洋管理的各项法律、法规、规章、政策；海洋管理的技术标准、规程、规范和方法，以及海洋资源信息管理系统等项目。

（二）海洋信息的数据采集与处理

1. 海洋信息的数据采集

海洋信息的数据采集途径主要包括海上实地测量、航空航天遥感、现场专题考察与调查、统计调查及文字报告资料、已有数据和图件等。

（1）海上实地测量

海上实际测量数据包括台站数据、船舶数据、断面测量数据、ADCP测量数据和浮标数据（包括ARGO）等，一般采用各类专业测量仪器直接测量。

（2）航空、航天遥感

遥感资料具有调查范围大、速度快、信息广等特点，为海洋相关研究提供了大量的数据，如覆盖全国海区范围的遥感影像等，并可从中提取相关的海洋水文、气象、海底地形地貌等信息，可为海洋数据的及时更新提供依据。但遥感调查技术复杂，信息提取相对困难，一般用于直接测量或采样较困难的海洋资源要素信息的提取。

（3）现场专题考察与调查

海洋管理中有大量信息需要从现场第一手调查取得，有通过海上实地勘测或采样后实验室分析测定的海洋信息数据，如海水深度、海水盐度测定等；有通过海籍调查取得的数据，如海域使用权权属状况、宗海位置、宗海形状、宗海面积等；还有专题调查所取得的数据，如海洋生物群落要素信息等。

（4）统计调查及文字报告资料

主要是指从各级政府部门或有关管理部门获取的社会经济、人口和基础设施资料、海域状况、海域使用权登记发证情况、有关专业统计资料（气象、水文、地质等统计资料）及相关的文字报告等。

（5）已有数据和图件

主要指在海洋管理未进入数字化、信息化之前已经形成的大量数据、图件和文字资料，如果在构建海洋信息管理系统时能尽可能地利用这些现有数据，可以大大降低工作成本，提高工作效率。

2. 海洋信息的数据处理

（1）数据转换

海洋信息的原始数据录入，可能会因为数字化数据和使用格式的不一致、数据源比例尺或投影的不统一，或是不同图幅间的不匹配而产生录入困难。数据处理就是要为不同模式、不同存贮介质的数据构建一个整合、检查、入库的统一数据处理机制，为初始建库和日常变更维护提供强大的数据处理工具，如数据编辑、图幅处理、数据压缩、数据类型转换、数据提取等。

（2）数据检查

在数据转换之后，入库之前，还应对数据的质量进行检查，以保证数据库的正确性，内容主要包括图形检查、属性检查、风格检查和拓扑检查等几个方面。

（3）数据建库

所谓数据建库即将采集和检验的数据转入数据库的过程。由于数据采集格式的多样化和数据质量的参差不齐，数据建库是一个复杂的工程，尤其对于海洋管理信息系统，其涉及数据内容多、类型庞杂，应根据预先设定的模式入库。

（4）数据存储与管理

利用空间数据库技术，实现属性数据和空间数据的一体化存储和管理利用。

（三）海洋信息管理与信息系统

1. 海洋信息化

在国家信息化统一规划与组织下，海洋信息化慢慢构建起了由海洋信息源等构成的国家海洋信息化体系。其目的是利用日益成熟的海洋信息采集技术和管理技术等，构建以海洋信息应用为核心的海洋信息流通体系和更新体系。通过这一体系，实现海洋信息的获取、处理、管理以及服务业务的健康、顺畅和规范的发展，进一步加快对国家海洋信息资源进行科学管理和应用的步伐。

海洋信息化的任务主要有以下四个方面：首先是将各种历史和现实的海洋信息，无论是来自不同信息源还是不同载体，进行数字化处理，形成统一、标准、易于理解和使用的海洋基础数据库，其中包括海洋的地理、环境等方面的信息。其次是建设海洋实时信息采集与传输网络：统计信息网络以及海洋行政管理信息网络，使海洋信息能够在网络中流通和传播。再次是开发并且整合能够支持海洋的管理、能进行执法监察与国家安全决策的信息系统和产品，并使其能够实现业务化运行，为决策提供支持。最后是开发一个拥有基础性和公益性的海洋信息资源，并研发出面向社会和市场的海洋信息产品，推动海洋信息产业化的脚步，实现海洋基础信息服务的社会共享。

2. 海洋信息管理

海洋信息管理是指为有效地组织海洋信息资源，实现海洋信息管理目标而采取的一切计划、组织、控制等行为。海洋信息管理的目标主要包括：对海洋

信息资源进行开发；对海洋管理的业务进行支持，提供专题研究和战略决策；支持海洋科技；支持海洋开发利用工程和构建海域使用权市场；支持国民经济调控和国家管理的有关政策。

具体来说，海洋信息管理的任务主要包括：存储现有的大量海洋信息，并适时更新数据、图件和文档资料，保持海洋资料的现实性；提供查询检索，以掌握海洋资源、资产状况，满足海洋管理业务、社会公众和政府等对海洋信息的需求；数据处理，支持海洋管理的业务自动化运行；信息支持，开展专题研究、综合分析研究，提供海洋管理和海洋资源持续利用的辅助决策，以达到海洋开发利用社会效益、经济效益和生态效益的统一；指标方案，支持海洋开发、利用、保护、整治的论证和监测；信息标准化，以达到信息资源共享，最大限度提高海洋信息利用效益的目的。

要真正实现对海洋信息的科学管理，必须依靠完善的海洋管理信息系统。

3. 海洋管理信息系统

海洋管理信息系统，是辅助法律、行政与经济决策的工具，同时也是规划与研究的设备。其拥有特定海域相关信息的数据库，并提供获取、更新、处理与传播数据的技术和方法。

海洋管理信息系统是一种计算机信息系统，其工作对象是海洋资源和资产管理，是集海洋管理业务、计算机技术等高新技术于一体的技术含量高、投资力度大的系统工程，是海洋管理信息化的核心内容。

二、海洋信息技术

我国是发展中的海洋大国，海洋是决定我国经济实力和政治地位的重要因素。维护海洋权益，开发海洋资源，保护海洋环境，减轻海洋灾害，加强海上军事防御能力，维持海洋环境与海洋经济和社会的可持续发展，是我国海洋科技工作者面临的重大课题。海洋信息探测技术是实现海洋经济可持续发展的重要技术之一，同时也是海洋高技术的前沿，是海洋资源开发的先导和关键。

人类对海洋的利用已有几千年的历史，但是在20世纪以前，由于受到科学技术发展水平的限制和社会习惯势力的影响，人们总是把陆地作为开发的重点；而对海洋的利用仅仅局限于捕捞海生动植物、利用海水制盐、海上航运等有限的范围，而且生产和利用的规模小，技术水平低。进入20世纪以后，一些科研工作者逐渐意识到利用海洋的重要性，开始重视对于海洋的研究。尤其是20世纪70年代以后，人类食物、可利用能源等的缺乏，更使人类认识到研究和开发海洋的迫切性和必要性。在这种情况下，新兴的现代科学技术——海洋科学技术应运而生。

回顾海洋开发利用历史，可以看到海洋开发成功与否往往取决于在对海洋状况有全面深入了解的基础上建立的科学技术水平。海洋高新技术的发展是为了通过对海洋的探测获得更多的海洋信息。近年来，以微电子技术和计算机技术为基础的信息科学技术带动了海洋科技、海洋开发、海洋产业的全面发展。许多新技术已广泛地应用于海洋科研中，使海洋科学取得了突飞猛进的发展。自动遥测浮标系统、遥感技术、计算机在海洋科学中的运用，激光、深海钻探、水下机器人等新技术的应用，为海洋科学开辟了进一步发展的历史新纪元。

海洋遥感、遥测技术，新一代的海洋水声遥感和探测技术，以及深潜技术、资源（包括空间利用）开发技术、新材料与新能源技术等等逐渐形成新型海洋综合开发利用、监测、预报和灾害警戒系统，组成了以它们为核心的当代海洋高技术群。它们将直接为海洋开发、环境保护、长期与短期灾害预报、海洋基础学科研究等方面服务，也直接与一些海洋产业密切结合，提高投资效益。海洋信息的获取、加工、处理及应用技术将成为海洋科技、海洋产业的重要组成部分，推动海洋知识经济的发展。

第四节　海洋教育与海洋文化建设

一、海洋教育建设

（一）我国海洋教育的发展与现状

科学技术在不断地进步，人们对海洋资源潜力的认知程度也在随着时间慢慢深化，海洋教育的范围也在持续地扩大，已不仅仅局限对海洋科学知识的传授，几乎所有自然科学领域及工程技术领域的最新科研成果和技术发明，都很快地在海洋研究与开发方面得到推广应用。因此，现代海洋教育并不是人们通

常理解的行业教育，它比大多数部门的行业教育要宽泛得多，包括众多涉海部门的相关的各类教育的内容。海洋教育的概念内涵已经扩展，不再局限于传统的海洋学科领域。现在，它涵盖了海洋科学、海洋交通运输等众多相关学科领域。

海洋教育得以迅速发展，国家实施的“科教兴国”战略起到了很大的作用，这促使科技、教育和经济之间相互联系。作为高技术产业的海洋产业，对于海洋教育的发展一定会起到引导作用。同时，全国海洋经济的快速增长为海洋教育创造了广阔的人才需求市场，因为这些领域需要专业人才来支持其发展。

当今，中国的海洋教育系统已经初具规模。各种海洋高等教育、职业技术教育和成人教育都在相应领域发展壮大，形成了与中国的海洋事业同步的运作方式。

（二）21 世纪海洋科学的发展趋势

1. 海洋科学将迎来一个高速发展的新时代

我们相信，在未来的开发里，人们能够从海洋里面得到与陆地上所有可获得的自然资源相同的资源。随着人口迅速增长和陆地资源的过度消耗，海洋的丰富资源成为人类生存与社会进步的希望。社会的需求是推动科学技术发展的最强动力。科学技术高度分化和高度整合，知识经济浪潮扑面而来，必然使海洋科学进入一个快速发展的新时期。

2. 海洋科学研究将更加突显多学科综合和跨学科交叉的特征

海洋从整体看上去是开放的，是多样的，是独特的，其是一个复杂系统。这个系统中存在着各种不同尺度和层次的复杂的物质与运动形式。这种基本属性决定了海洋研究需要综合多个学科知识并相互交叉。然而，海洋研究的前期，这种特点并不容易充分展现，只有当海洋科学发展到一定程度的时候，特点才会更加明确。在过去的海洋国际合作研究中，我们已经看到了这种综合与交叉特点的充分体现。

最近这几十年来，海洋学界提出了一些问题，比如厄尔尼诺现象等。这些问题都需要综合交叉多个学科的知识来进行研究。海洋生态系统问题就是一个很好的例子。初步研究表明，这个问题不仅涉及物理、化学、地质和生物等多个基础学科，还包括信息论、控制论等其他学科，而且这些学科之间也相互关联。而人类与海洋之间的相互作用问题研究，不仅仅需要自然科学的知识，还不可避免地需要社会科学的参与。可以预见，海洋科学在不断的发展过程中，多学科综合与交叉也将变得更加重要和突出。

（三）海洋知识经济时代的科技人才培养

“知识经济”时代正向我们走来，知识在推动经济的发展，知识经济所具有的强大生命力将主宰21世纪的世界经济。21世纪是知识经济的时代，21世纪是海洋的世纪，21 世纪也必然是海洋教育的世纪。知识经济的崛起，对海洋教育来说，既是严峻的挑战，又是极好的机遇。国家在实施知识创新试点工程，知识创新体系培养的正是掌握和应用知识的人才。如今，我们应该以更加广阔的视野，更加凝重的使命感，面向经济建设的主战场，为国家培养高素质、有创新能力的海洋科技人才。

1. 知识经济时代海洋教育展望

知识经济时代的经济竞争，归根结底是高水平人才的竞争，而高水平的人才取决于教育。面对知识经济的挑战，海洋高科技产业的发展，迫切需要加强海洋高等教育的建设，培养大量富有创新精神的海洋科技人才，以参与国际竞争。另一方面，在知识经济时代，教育需要跳出传统的一次性学校教育的框架，朝着终身学习和学习社会化的方向迈进。在这个时代，知识是至关重要的资源，知识并不仅仅指普通的知识，而是指那些不断创新的知识。特别是在如今的信息化社会，知识的更新速度越来越快，社会对人才素质的要求也越发的高，工作岗位的变动也更加频繁。因此，每个人都必须在一生中持续学习，淘汰旧知识，掌握新的知识和技能，以适应不断开拓的新领域。在观念、知识、技术和产品都迅速更新的知识时代，每个人都必须不断“充电”。海洋教育要适应不断“充电”的需要，向终身化教育发展。同时，海洋教育应为区域经济建设服务，适应区域经济建设和发展对人才的需求。

2. 海洋科技人才的培养目标

为了适应21世纪海洋科学的快速发展，应对21世纪知识创新与发展的挑战，海洋科技人才需要怎样的知识结构呢？

21 世纪海洋科学研究的多学科综合与交叉特点，决定了海洋科技人才具备“图钉”型知识结构，更能适应现代化科学技术发展的高度综合、高度分化

和高度整合，更能适应海洋知识经济和可持续发展的需要。必须切实转变教育思想观念，深化教育改革，加强海洋科技人才的综合素质培养，尤其是创新意识、创新能力的培养，以适应知识经济时代的需要。具体地讲，在本科生培养阶段应强调培养出德智体全面发展，掌握海洋科学的基本理论和基本技能，基础扎实、整体素质高、创新意识及综合能力强的复合型高级专门人才；对硕士研究生，强调创新能力的培养；而博士研究生则应在其研究方向上作出创造性的成果。

3. 转变教育思想观念，培养海洋科技人才

教育思想和教育观念是人们对教育现象、本质、特点、规律以及如何实施教育的理解、认识和看法。它渗透教育活动的各个方面，贯穿教学工作的全过程。社会经济、政治、科技、文化的快速发展和巨大变革，对高等教育产生深刻的影响，使得高等教育的一些传统的教育思想和教育观念面临严峻的挑战。面对挑战，为培养海洋科技人才，我们应在以下几个方面转变教育思想，更新教育观念。

（1）拓宽专业口径，增强学生适应性

教育既具有上层建筑的属性，又具有生产力的属性。处理好满足社会需要和人类社会发展需要的辩证统一关系，对树立正确的教育思想、教育观念具有非常重要的意义。我国社会主义现代化建设及经济体制和经济增长方式这两个根本性转变，对高等教育的教育思想和教育观念的转变有着深刻的影响。我国高等教育的学科和专业划分经历了漫长的发展过程，在迅速演进的时代中，高等教育面临着各种严峻的挑战，这对海洋科技人才提出了全新的要求。适应两个根本转变，必须要树立适应的观念，改变原有狭窄的专业设置和狭隘的“专业对口的观念”，同时还必须注意克服“功利主义”的倾向。另一方面，在知识经济时代，社会是开放的，知识是共享的，知识的更新速度在加快。高等海洋教育必须拓宽专业口径，打好基础，才能增强人才的适应性。

（2）加强人文精神的培养和综合素质的教育

人文精神泛指人对自然、社会、他人和自己的基本态度，包括政治观、人才观、世界观、道德观，其核心是价值观。人文精神包括科学家在进行科学探索时展现的追求真理等科学精神。所以，在海洋人才培养过程中，应处理好科学与人文的关系，要激发学生的求知动力，引导学生去求“真”和求“美”，

帮助学生树立高尚的科学道德，掌握正确的思维方法。要让学生在求知过程中学到科学精神和人文精神。

当前，人们广泛关注提高学生素质教育的话题，无论是国内还是国际教育领域都在进行热烈的讨论。素质教育的概念是时代发展的产物。过去教育注重知识传授，后来转向注重培养学生能力，而现在更加重视加强素质教育，这是教育理念的重要变革。平衡发展知识、能力和素质，需要构建一种新的人才培养方式，这是教育教学改革中的一个重要课题。

多年来，教育领域存在一个主要的偏差，即在培养学生的综合素质方面存在割裂现象。我们过于片面地看重智育与业务知识，而忽视思想道德素质与文化素养的教育。进行综合素质教育的时候，应该以德育为先。培养学生的时候，重要的就是教育他们建立良好的人格，然后再培养他们在事业和学问方面的基本素质。就个人品质而言，学生应该政治方向正确、思想道德高尚、具有敬业精神。在处理事务时，他们应该具备解决实际问题的能力，并善于与他人合作。而在学术研究方面，学生应该具备扎实的理论基础，并且有基本的文化素养、专业的知识与技能和科学的治学态度，特别需要强调的是培养学生的创新意识。

另外，要把学生的学习空间由单一的“狭窄专业”转向在学科群体宽厚的基础之上，了解学科前沿，实现理工结合、文理交叉，集传授知识、培养能力、提高素质为一体。

我国拥有广阔的海洋领土和丰富的海洋资源，然而，在我国国民经济中，海洋经济的贡献仍处于初级阶段，海洋开发利用、海洋产业尚属起步阶段；目前，我国的海洋科学基础研究与海洋事业发展之间存在一定的不匹配。海洋科学研究是项非常艰辛的工作。所以说，培养海洋科学高级人才，需要培养学生对海洋事业的热情，使他们将推动海洋科学发展、奉献人类视为自身责任。我们应该传承前辈辛勤努力的职业精神，提高学生的综合素质，以创造出大批志愿投身海洋科学领域、满足“海洋开发新世纪”需求的高级海洋科技人才。

（3）加强对学生创新精神和创新能力的培养

在知识经济中，创造性是科学技术发展的生命力，是振兴经济的法宝。知识经济的核心是创新，其中包括知识创新、技术创新和体系创新，创新的关键是培养有创新意识、有创新能力的现代新型的人才。在海洋科技人才的培养过

程中，首先要加强学生的创新能力培养，要做到这一点，应设置自由的学习环境，加强智能和技能教育。

创造性产生的一个重要外部条件是宽松的环境。只有在宽松的环境下，学生才能自主学习，培养创新意识，并展现创新能力。要创造宽松的环境，应该减轻学生的课程负担，只有这样才能真正帮助学生实现主动学习和思考。本科生也应该提倡启发式教育，坚持教学相长，可以加大课堂讨论力度，增设创新学分，加强学生的实践环节等；对研究生，要提倡导师和研究生采用双向交流、讨论式的学习方式，建立导师指导小组，博采众长，鼓励学生多参加学术交流和在学科交叉点上选题。

在加强学生科学基础知识教学的同时，对学生进行智能教育，是海洋创新人才培养的基础。主要是培养学生的自学能力、研究能力、思维能力和表达能力。在现代社会中，我们可以从实践中看到，高水平的人才在工作中所展现的智能应用水平远远超越了纯粹的知识应用水平。提高学生的智能和思想的教育观念，应贯穿教育、教学的全过程。在教学过程中应增加学生自学的比例，相应减少讲授时间。有的课程可以以学生自学为主；必须以教师讲授为主的课程也应辅以自学内容。教师应研究指导学生自学的方法，在教师指导下，学生通过持续的自主学习，不仅能够增强自身的自学能力，还能够提升自身的研究、思考和表达能力。

人的智能要通过应用才能表现出来，而知识和科学技术向现实生产力的转换，主要依靠人才在生产实践活动中对知识的应用。所以，高等海洋教育应重视实践能力的培养，也就是要加大技能教育的力度。

（4）因材施教，鼓励学生个性的发展

教育是社会的一项培养人才的活动，应该依照着教育规律进行。因此，教育必须培养适应社会发展的多元化人才，促进受教育者个性的充分发展。作为学生，每个人在志向、兴趣、知识和能力等方面都存在着很多的不同。教育不应消除这些差异，而是要依照每个学生个人的身心发展的规律，因材施教。

学生的个性发展对于激发其创造力至关重要，从某种意义上来说，缺乏个性的人也会缺乏创造精神。只有当学生的个性得到充分发挥，潜力得到充分开发，对探索和求知的欲望得到满足时，他们才能发现新问题、取得新成就，从而真正展现创造力。我们在教学管理中，应该鼓励多样性的思维，创造积极的氛围，为学生提供适合他们个性发展和发挥创造力的环境。尤其在研究生的培养过程中，应鼓励他们勇于提出新颖独特的观点，让他们在学术领域中自由地思考。除了加强学生个性培养，还必须重视培养学生品德，因为这是决定人才成功的关键因素。

二、海洋文化探索

了解海洋文化的概念、本质和结构，有助于我们宏观把握和认识海洋文化。

（一）海洋文化的特征

与人类其他文化类型，特别是与内陆文化相比较，海洋文化的特征主要表现在以下几点：

1. 外向性

外向性是海洋文化中的人类主体受到海洋地理环境的刺激和影响而产生的一种向外的运动倾向，也就是要与其他异域国通过海洋的途径进行联系、交往的特征。濒海民族或国家，必须征服、控制和利用海洋，凭借海洋与世界交往，以获取保障自身存在和发展所必需的、自身缺乏的物质与精神资源。历史上希腊、西班牙、葡萄牙、英国、日本以及被称为“海上马车夫”的荷兰等海洋国家，其文化的外向性特征极为显著。

2. 开放性

海洋文化在与环境相互作用的过程中，从新的环境中持续地获取新的元素，并对自身文化结构进行调整与改变、增强与发展。基于开放的前提，不同的文化相互碰撞、冲突，直至相互吸收交融。开放性使得海洋文化兼收并蓄，呈现出多元的态势，被称为“合金文化”。

3. 求新性

与上述外向性、开放性特征相关联，濒海民族在海洋文化的心态层面上，呈现出强烈的求知创新观念，富于冒险精神，反对因循守旧。海洋民族能直接接触异态文化，不断探索发现新的生存和精神空间，视野开阔，敏于比较，勇于探索，善于吸收和创造新事物。

4. 崇商性

海洋文化从物质到精神表现出重商主义价值取向的特征。与农业文明的自

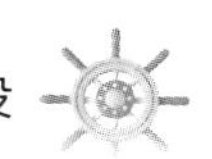

然经济形式相对比，海洋文化始终是与商贸时代相伴随的，航海业的兴盛，给濒海国家或地区带来了取之不尽的财富，海洋文化先天就有重商的品格。

海洋文化呈现出的这些鲜明的特征，使之区别于其他类型的文化，成为人类文化宝库中独特的财富。

（二）海洋文化的研究

作为一门学科，海洋文化学的目标是揭示和验证人类海洋文化的整体发展规律。

海洋文化学，是一门交叉综合性极强的学科。它的交叉综合性，体现在它具有文理工科的渗透性。它从总体上看属于人文社会学科的范畴，同时又与海洋科学和工程技术科学具有极强的关联性，尤其是在海洋科学史学和海洋工程技术史学方面，甚至具有某种程度上的重合一体性。

当今的人文社会科学的分支学科里面均有提到或关注过海洋文化的本质和涵义。然而，这些研究都是在各自学科的学术立场和视角下进行的，缺乏对海洋文化学的自觉意识。

无论是从理论基础，还是从历史文献，又或是当代海洋文化生活的角度去看，我们都可以对人类海洋文化的整体发展规律以及个别案例的问题进行阐述和证明。

就与海洋自然科学和工程技术科学的关联而言，海洋文化学不是一般文化学，它所研究的是人类因海洋而生成的文化现象，那么人类对海洋自然现象的探索、认知和把握，有关海洋的科技发明和海洋工程化开发利用，实质上就是人类的海洋文化创造；因为每一学科总要有自己相对独立的学科分类，我们的海洋文化学不研究探讨海洋的自然现象，不进行具体的海洋技术的发明和研制，不进行海洋工程的研究、施工和开发，但海洋自然科学、工程技术科学界人们的研究思想、意识和文化理念，却是海洋文化学应加以研究、且绝不可忽视的内容。至于海洋自然科学史、技术科学史和工程科学史，它既是海洋自然科学、技术科学和工程科学的基础研究。人类的科学总要在前人已经铺设起的阶梯上发展，而不能总是重复前人走过的道路，海洋科学的前行发展也不例外；又是人类海洋文明的历史本身的重要构成部分，甚至可以说是与人类海洋文明历史的其他部分密切相关的最基本的部分；因而同样也是海洋文化学所涵括的非常重要的学科内容。

海洋文化学作为一门综合性学科，具有多重特点。它不仅是一门基础理论学科，而且具有实际功能性强的应用性质。

就其是一门基础理论学科而言，它主要是一门人文学科，因为它研究的对象是文化；它的研究方法、学科理论体系，都属于人文学科的范畴；连同它的与海洋理工学科的渗透交叉甚至重合的部分，也基本上属于人文范畴。

就其是一门应用学科而言，它的应用性表现在它不是纯理念的学问，它的现实功利性很强。这是因为，它的学术宗旨就是阐述和实证人类海洋文化的发展规律及个案问题，海洋文化学的研究对于人类当前和未来海洋文化的建设和发展方向具有积极的参考价值。具体来说：

其一，在决策海洋事业时，研究海洋文化可以帮助我们找到适合特定地区、民族或国家海洋发展战略的海洋文化模式。这样，在制定海洋政策时，我们可以借鉴成功经验，吸取失败的或对人类进步有负面影响的教训，以推动海洋文化朝着有利于人类文明进步的方向发展。

其二，在探索海洋文化学的海洋人文哲学和人文意识方面，研究能够帮助我们认识正确的海洋观念与相关意识。人类不仅要利用海洋资源，更要与海洋建立密切联系，友善对待海洋，使之成为可持续发展的环境，美学上自在的生存空间。

其三，在发展海洋事业的实际运作层面上，海洋文化学通过其应用性分支学科的研究，如海洋产业文化等，可以提供战略策划等方面的专业知识，以适应海洋文化的发展规律和特点。

其四，从海洋事业人才教育培养的角度来看，海洋文化学不只是为培养海洋事业高级人才而强制性开设的课程，也是其他相关课程的基础与前提。此外，海洋文化学也扮演着向社会传播海洋意识观念和知识的重要角色。

（三）海洋文化与知识经济时代

21 世纪是海洋世纪，已成为国际社会的共识。知识经济作为影响当今世界发展的一个重要趋势，正在蓬勃兴起。理论界通常认为，从 20 世纪 80 年代开始到 21 世纪前 20 年甚至更久的时间里，发达国家将持续处于知识经济的长

周期阶段[①]。培育知识经济萌芽，促进局部知识经济，是中国进行经济发展重要的战略决策。海洋文化与知识经济有着深刻的内在联系和互动作用，研究两者间的关系，有着重大的现实意义。

知识经济将成为21世纪世界各国国力竞争的关键。正在来临的知识经济时代有两个主要特点：全球化、知识化。在知识经济时代，社会开放、知识共享是不可阻挡的。其中社会的开放度非常重要，必须吸取世界上最优秀、最先进的知识，在此基础上进行创造，才能加快发展。如果闭关锁国，妄自尊大，势必落后挨打。海洋文化的外向性、开放性，正契合了知识经济发展的基本要求。一个濒海国家，绝不可能仅仅凭借自身内部的力量和机制，无限制地存在和发展下去。在知识经济时代，沿海地区仍是经济聚集与成长的核心地带，全球信息化、经济全球化更要求我们高扬海洋文化的开放精神，大踏步地走向世界。

在知识经济时代，知识生产率成为企业的命脉，提高劳动生产率的关键之处就在于提高“知识生产率”：也就是把知识变成技术，再把技术变成效率。而知识生产率是由人们进行学习和创新的活动体现和创造出来的，只有创新才可以满足客户日益增长的需求。因此，在知识经济时代，创新成为最重要的理念。这与海洋文化敢于探索、勇于创新的心态和行为取向一脉相通。一个国家、一个民族，如果缺乏敢为天下先的勇气，如果没有创新求变的精神，就会失去生命力，失去在世界政治经济舞台上竞争的资格。

具体到海洋知识经济，海洋文化的显性和隐性整体作用力就更为突出，在整个海洋知识经济体系中占有重要的位置。如果说海洋法律、海洋政策是保障海洋知识经济发展繁荣的必备“硬件”的话，那么海洋意识、海洋人文审美思想则是促进海洋事业发展、完善海洋知识经济体系的不可或缺的“软件”；海洋人文历史作为海洋文化的历史遗产和积累，为海洋知识经济的发展提供了丰富的启示和经验；海洋文化的现代内涵，更是要求树立可持续发展的意识和观念，要求经济的发展必须在本质上合乎人类文明和人道理想的终极目标。因此，强化对海洋文化的认识和把握，加强海洋文化的研究，是海洋知识经济发展繁荣的重要前提。

---

① 朱贺，向书坚. 数字知识经济增加值核算研究［J］. 复印报刊资料（统计与精算），2022（3）：26-39.

在知识经济时代，新兴产业如微电子、计算机和通信等行业迅猛发展，引发了经济向信息化、网络化、智能化和集成化的方向迈进。信息技术的突飞猛进，信息网络和知识库的迅速形成，使人类文化的保存和传播在介质上、形态上、机制上、方式上发生了根本的变异，作为人类文化重要组成部分的海洋文化亦不例外。知识经济时代的一个重要特征就是国际互联网的普及应用。目前，国际互联网上已出现了大量有关海洋文化的网站、数据库、讨论组等，储存了难以计数的海洋文化资源。借助于网络，海洋文化的传播和交流变得十分的迅捷，获取与共享文化资源在非常短的时间内就可以实现。知识经济受益于海洋文化，同时也对包括海洋文化在内的人类文明成果的完善存储、广泛传播、多向交流推波助澜，起到越来越重要的作用。

第五章 海洋经济的可持续发展

本章为海洋经济的可持续发展，论述角度有四：海洋环境破坏及修复、海洋环境保护策略、海洋资源生态管理、科技支持下的海洋产业可持续发展。

第一节 海洋环境破坏及修复

当生态系统内部的自我调节能力不足以对外部压力进行控制时，生态系统就会失去其平衡状态，进而使结构破坏、功能降低，如群落中生物种类减少、物种多样性降低、结构渐趋简化。

一、海洋生态系统与生态平衡

地球表面有三个主要的生态系统，分别是海洋、陆地和淡水（包括湖泊和河流）生态系统。海洋生态系统指的是海洋中的生物群落和非生物环境，这两者紧密联系、相互作用，并形成一个整体。在这个整体中，物质持续循环，能量不断流动。

在海洋生态系统中，海洋的面积广阔，并且呈现出连续与相似的状态。海洋表层是唯一能够接收阳光、进行光合作用的部位，这一层大约占据了海洋总体积的2%，大部分的自养生物都在这个表层进行活动。在海洋的大部分区域，氮、磷等营养物质相对匮乏，只有在上升流地区才比较丰富。海洋生态系统在近岸区域可分为滩涂湿地、红树林等不同类型；而远离岸边的海洋生态系统，可以划分为岛屿海域、上升流区等不同的生态系统类型。

海洋生态系统是对人类至关重要的宝贵资源，为我们提供了食物、工业原料和药物等生存所需物资。此外，它在环境方面也发挥着非常大的作用，如吸收二氧化碳并释放大量氧气，海洋植物借助光合作用所生产出来的氧气约占全球总产量的百分之七十。海洋系统还通过蒸发提供大量水蒸气，补给陆地的淡水资源，吸收大量热量来对全球气候进行整体的调节。此外，它还能够容纳和降解来自陆地的大量污染物。

在生态系统的成熟稳定阶段，能量与物质的输入与输出，还有生物种类的构成与各种群数量的比例关系都将处于长期稳定。

然而，如果生物组成种类发生变化、环境条件发生变化或者信息系统遭到损伤，海洋生态将会失去平衡，遭受严重的影响。

二、海洋生态环境的破坏及退化

（一）石油开发对海洋生态环境的破坏

海洋为人类提供了丰富的资源，而且海洋运输是大规模物资运输的最廉价的运输方式。众所周知，海洋是一个巨大的石油储备库，然而，在人类开发利用海洋石油资源时，自然或人为因素造成的海洋石油污染对海洋环境造成了严重的破坏。据统计，每年全球因航运活动和船舶事故导致的石油泄漏总量大约在 100 万～150 万 t 之间，仅油轮发生的事故造成的石油泄漏就超过 50 万 t。虽然石油开采事故不像油轮航运溢油事故那样频发，但事故一旦发生，其后果难以想象。海洋石油污染的影响范围广，持续时间长，并且修复工作异常困难。因此，我们必须高度重视海洋石油开发对海洋生态环境的破坏。

石油污染海洋的途径有很多，我们不仅要通过加强沿海工业的管理，减少工厂石油排入海洋，还要尽量避免海上航运所造成的溢油事故发生，同时不断提高海上石油开采技术，以减少石油进入海洋环境。

海上航运所带来的溢油污染对海洋造成了严重的灾难，与此同时，海上石油开采也一直和风险相伴。每隔大约 10 年，就可能会遭遇一次不可预测的、具有灾难性后果的非自然事故。深水石油开采虽然能够实现高投入和高产出，

但同时也存在巨大的风险。一旦发生事故，其造成的后果通常来说都是灾难性的。

随着我国经济快速发展和对能源需求的增加，我国不得不大量进口石油。这导致了海上石油运输量和港口石油处理量的持续增长，同时海运交通事故也发生得更为频繁，海洋石油污染风险愈来愈大，正成为海洋生态环境的一大“杀手”。

（二）船舶运输对海洋生态环境的破坏

在海洋环境污染的事件里面，油类污染发生的次数，历来都占有较高的比例。污染海洋的油类来源，虽然有来自陆地、沿海和海上石油勘探开发等多种途径，但最为主要的还是来自船舶任意或意外排放。

由于世界贸易发展的带动和海洋捕捞及其他海上活动的发展，海洋交通运输和作业船舶不仅数量不断增加，而且某些专用船舶还在大型化，特别是原油运输船，由几万吨上升到十几万吨、几十万吨。船舶数量、吨位的增加，必然产生两种结果：一是活动在海洋上的“机动污染源”增多，在其他条件不变的情况下，排放入海的油类和其他有害物质势必增多；二是船只吨位提高，一旦有海难事故发生，进入海洋的石油量将大大上升。事实上，最近的一些年，世界各海域船舶溢、翻油污染事故层出不穷，呈现明显的增长趋势。

1. 船舶运输污染的特点

船舶活动及对海洋产生影响的特点，决定了船舶防污染保护工作的特点，并形成防止船舶污染的保护思想、原则、方法和内容。

（1）船舶机动性

船舶作为运载的工具，活动性、机动性应是其最主要的特点。凡是有一定范围和深度的地方都可以成为船只活动的区域。这些区域都会受到船只故意地、任意地或意外地排放油类和其他有害物质的影响或损害。船舶污染的这种特点，给保护工作带来许多困难和问题，完全使用海洋工程、海洋石油勘探开发和海上倾废等防污染保护的方式、方法难以奏效，甚至可以说无法进行。为了及时发现、监督船只海上排放污物的情况，就需要使用快速、大面积航空、航天的遥测、遥感手段，以便尽可能在更大范围监视船舶污染信息，为处理提供依据等。但是，不论技术手段发展达到多高的水平，要全面覆盖整个海洋或国家管辖海域，也是不太可能的，因此，缩小范围，突出重点监视、监测的重要海域或敏感、脆弱海区就成为必要的管理措施。

（2）排放物质的多样性

船舶向海排放或可能排放的物质是多样的，有油类、含毒性液体物质、含毒固体物质、生活废水和垃圾等。据 OPRC 公约的规定，油类包括：原油、燃料油、油泥、油渣、含油废水、油性混合物和各种原油制品等。

船舶运行、使用过程中，直接或间接排入或可能排入海洋的废水、废物和装载之物是繁多复杂的，它们对海洋环境和资源的影响也必然是多种形式的。为此船舶防污染的管理制度和方法也必须建立在这一客观基础上。

（3）漂移与流动性

海水介质是流动的，船舶带入海洋里的污染物也不可能局限或固定在入海的某一地点。其溢、漏油类，漂浮于海面，会随风浪和表层流而扩散，所能达到的区域，完全由溢、漏油的数量、动力条件和时间决定，有的影响区域可达数百、数千千米，甚至数万千米。排放的其他物质，按其物态、性质、入海后的变化和海水动力、时间等条件，而有不同的影响范围和程度，其与陆地的状态是完全有别的。不论污染物移动（或进入海水后的转化）与否都要被传送到一定的区域，并影响该区域的环境及其生物资源。针对这种特点，为尽量减少危害、缩小危及区域，就需要采取相应的措施，并反映到管理的有关制度上来，如海上船舶溢油应急计划，即根据海面漂油迅速扩散的特点而建立的防范性计划，一旦较大溢油事故发生，主管机构将很快组织实施应急计划，首先是布放围油栏，把漂油圈闭起来，避免随风流扩散，然后进行溢油回收或使用其他方法处理。

2. 防止船舶污染管理

根据船舶在航行中可能发生的污染损害和已形成的管理制度，防止船舶污染管理的主要任务有两项：船舶防污染证书和防污设备管理、防止船舶油污染管理。

（1）船舶防污染证书和防污设备管理

在船舶装运容易发生燃烧、爆炸、有毒、具有放射性的物品的时候，需要采取特定的安全措施，防治海洋发生污染。为此，国际海事组织在《国际防止船舶造成污染公约》中，专设了《控制散装有毒液体物质污染的规

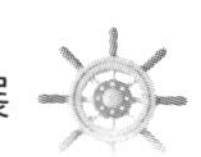

则》，另外制定了《国际海上危险货物运输规则》等，有关国家对一些重要海域，如波罗的海、地中海等，制定了针对性更强的防止危险品和有毒物质运输的专门制度。根据我国的《海洋环境保护法》和《海上交通安全法》等相关法规，我国还制定并实施了一系列法规，如《船舶装载危险货物监督管理规则》等。

（2）防止船舶油污染管理

船舶作为海上的生产以及生活的场所，常常产生废水、废液和垃圾等废弃物。因此，有效管理和处理这些废物是船舶防止污染非常重要的任务。

国际公约对船舶上的生活污水和垃圾作出规定，要求禁止排放或者以特定条件和受控方式进行排放。比如生活污水的排放，除在特殊情况下（包括为了保障船只及人员安全或处理设备意外损坏而采取适当的预防性措施等），满足规定要求的船只离岸距离需在 4 海里之外；运用符合标准的处理设备，可排放已经消毒并将其中的固体物质进行粉碎的垃圾；排放航速应不少于 4 节，排放速率应掌握在中等程度，不得因排放污水或垃圾造成海水颜色的改变或形成海面漂浮物等。对船舶垃圾的倾倒也有类似的专门规定，但由于船舶垃圾和废水产生的频率高和排放、倾倒随意性较大等原因，保护工作存在很多困难。

（3）防止拆船污染管理

对于拆解报废船只而言，如果没有严格的预防措施，船上残留的垃圾、残油、废油、等有毒有害物品会进入海洋，导致污染事故，进而对海洋的生态环境或者一些生物资源造成不同程度的破坏。

（三）海水养殖对海洋生态环境的破坏

1. 不同的养殖方式对环境的影响

海水养殖影响水体浊度、pH、溶解氧、营养盐，使底泥环境污染恶化。其原因主要有：养殖生物大量的排泄物和残饵的长期累计超过环境的承受力；放养密度不合理；育苗废水直接外排，使局部水域海水氮、磷元素增加，透明度下降，加重水体富营养化。

2. 水产养殖对生物多样性的影响

目前，海水养殖种苗主要采用天然种苗和人工育苗。尽管人工育苗已经能够对多数种类苗种进行供应，然而，因为野生种苗相对于人工育苗更加强壮，并且其价格也高出不少，海上捕捞野生种苗的行为仍未停止。这种现象不只是对相应种类的野生资源造成了破坏，同时还危害到了其他的生物资源，使生物多样性降低。

（四）海洋倾废对海洋生态环境的破坏

1. 海洋倾废概述

海洋倾废是指利用运载工具将废弃物倾倒入海洋，包括海上弃置等类似手段。倾废的概念有其时代的内容，在《1972 年伦敦公约》之后的 30 多年间，海上倾废的方法有着不少变化，因此，公约的适用范围和内容也需要相应地进行调整。一些有害物质在陆地上处置妨碍人们的生产和生活，甚至会危害人体健康，而海洋有一定的自净能力，海洋为这些废弃物的处理提供了一个途径和场所。

除陆源污染物排海之外，海上倾废也对海洋环境影响很大。世界沿海各国每年都有数量很大的废弃物倾入海洋。但是，海洋有强大的净化能力。再者，海洋与人类虽然关系密切，可是与森林、平原、城市和乡村相比较总还有着差距，因此，充分利用海洋空间，用于处理人类生产和生活所产生的废物，是符合人类整体和长远利益的做法。

绝对禁止向海洋倾倒废弃物的做法，既是不合理的，也是行不通的。如何做到适量倾倒，是个比较困难的问题，不过，以现在的科学技术，只要严格地进行倾废管理工作，还是能够解决这一问题的。

2. 海洋倾废的生态影响

海洋倾废是指将废物和其他物质通过船舶、航空器、平台或其他载体投放到海洋中的行为。这包括把船舶、航空器、平台和海上人工结构物丢弃到海洋中。需要注意的是，正常运营产生的废弃物排放不被视为海洋倾废行为。倾废与船舶排污有着本质的区别。倾倒的废弃物多数是在陆地上或港口岸边产生的，由船舶及其他运载工具运送到海上处置。海洋倾废倾倒的地点是人为选划的，污染范围也不固定，倾废物有陆源和海源，因此，防控需要区域或全球范围内进行合作。

（五）海洋生态环境退化的表现

1. 水质和底质质量降低

海水水质严重偏离正常的海水质量，如溶解氧降低或枯竭，各种营养盐、有毒污染物和溶解有机物质严重超标，海水 pH 剧烈改变，沉积物氧化还原电位改变等。在这种条件下，海洋中的动植物面临更加困难的存活和生长环境，导致生物多样性无法维持。

2. 生境丧失

海洋生物栖息的各种生境丧失（特别是滩涂、海湾、海底森林等重要生境），海洋底质组成与状态改变，海水物理状态（如透明度等）改变，致使产卵场、索饵场、越冬场受到严重破坏或消失，海洋生物的生命活动受到严重影响。

3. 海洋生物退化和消失

海洋生物体内污染物质含量增多，物种退化，表现在生物个体变小，性成熟提前，个体数减少。大量海洋物种消失，海洋生物物种结构失调，致病生物增多，导致海洋荒漠化。

4. 海洋生物多样性降低

各种海洋生物，如微生物、浮游生物、底栖植物、底栖动物、游泳动物等不断退化，导致海洋生物多样性降低，食物链缩短，渔业资源衰退。

5. 海洋生态系统功能降低

海洋物种消失和生境的丧失导致生态系统结构受到破坏，进而影响到海洋生态系统物质循环、能量流动和信息传递，使海洋生态系统的功能降低。

三、退化海洋环境的生态修复

（一）生态修复的基本原则

一般包括自然原则、社会经济技术原则和美学原则三个方面。

自然原则是生态修复与重建的基本原则，只有遵循自然规律的修复重建才是真正意义上的修复重建，否则只会背道而驰；社会经济技术原则，可以说是生态修复的基础，对其范围和成效产生影响；美学原则，是指退化生态系统修复重建应给人们以美的享受，并保证对健康有利。生态修复与重建技术方法的选择要求：在遵循自然规律的基础上，根据自然原则、社会经济技术原则、美学原则，选择技术适当、经济可行、社会能够接受的生态修复方法，使退化生态系统重新获得健康并为人类提供必需的服务。

（二）自然生态修复

海洋生态系统破坏较轻的生态系统需要的海洋生态修复为自然生态修复。

1. 人工渔礁建设

人工鱼礁为鱼、虾、贝、藻和各种海洋生物提供稚鱼庇护，同时为鱼类提供栖息、索饵和产卵的场所，因而成为渔业生态环境修复的重要方法之一。

为改善近海鱼类栖息环境，我国自 21 世纪初开始在南海实施人工鱼礁工程。人工渔礁建设对整治海洋国土、建设海上牧场、调整渔业产业结构和配合大农业改革、促进海洋产业优化升级、修复和改善海洋生态环境、增殖和优化渔业资源、拯救珍稀濒危生物和保护生物多样性、促进海洋经济快速、持续、健康发展等具有十分重要的战略重义。根据近年来的监测评价，发现人工渔礁建设对维护近海渔业生物多样性具有积极作用，但投放人工鱼礁设施引起环境改变，是否会产生负面影响尚需进一步验证。

设置人工鱼礁的投资比较大，要避开泥质底和高低不平的海底。

2. 人工增殖放流

近年来，华南三省区在南海北部（主要在沿岸海湾、河口区）开展了人工增殖放流，其效果取决于放流后种苗的成活率，而成活率则取决于放流种苗的质量和放流渔场的生态条件。目前，广东省用于放流的种苗大部分是人工繁殖和培育的，其自然的生态习性已发生了变化，在自然海域中捕食能力差，躲避敌害能力弱，抗击环境突变能力不强。为了适应放流后生存环境的变化，要不断地改善和提高种苗生产技术，生产健壮的、变异畸形少的种苗，而且还要通过中间培育培养大规格种苗和进行适当的野化训练，以提高放流种苗的成活率。另外，过去的放流品种较单一，特别是海水鱼类品种比较少。今后，在实施人工放流增殖时，要充分考虑放流海域的生态特点和种类结构，选择适当的生物品种，以保护生物的多样性。放流渔场可与人工渔礁建设相结合，与水产自然保护区和幼鱼幼虾保护区建设相结合，以促进渔业资源的有效恢复。

经过多年的实践，中国海洋经济生物增殖放流技术日臻成熟，放流规模不

断扩大，目前适合增殖放流的生物种类已达到近 20 种，其中不乏珍稀保护种类。在黄渤海地区，放流的有虾类、海蜇、三疣梭子蟹、牙鲆、菲律宾蛤仔、毛蚶等品种。

3. 控制和削减捕捞强度

（1）降低捕捞强度

据最近的渔船普查，南海北部沿海大陆三省区无证和证件不齐的渔船达 3 万多艘。新《渔业法》要求我国逐步实行限额捕捞制度。根据目前南海渔业资源的特点和渔业的实际情况，可以逐步降低捕捞强度，在较长时间后过渡到监控渔获量。目前应从渔具渔法的限制入手，包括限制底拖网数量和网目规格、加强近海渔业管理等。

（2）引导渔民转产转业

沿海渔民转产转业是新的历史发展时期我国和整个南海渔业结构调整和可持续发展的重大战略举措，南海三省（区）政府和有关主管部门十分重视，作了周密的部署和安排。主要通过发展海水养殖业、水产品流通加工业、远洋渔业、休闲渔业、渔需后勤服务业等，为渔民转产转业提供机会；通过各种方式宣传和培训，增强渔民的生态环境意识，在降低近海渔业资源和生态环境压力的同时，促进安全、绿色、低碳的生态养殖和环保加工产业的发展。

（三）人工促进生态修复

1. 人工促进生态修复的常用方法

由环境污染、生境破坏等因素导致的海洋生态环境的退化，在自然条件下可以通过海洋生态系统的自我调节机制慢慢恢复，但自然恢复速度极为缓慢，因此常用的方法是进行人工生态修复。

（1）减少污染物入海量，改善水质

海洋环境污染导致海域水质退化，是造成海洋环境退化的主要原因之一。各种污染物进入海洋，极大地影响海洋环境中的各个生态因子，使生态系统结构和功能受损。特别是在长江口、黄河口、珠江口等海域，其流域中大量污染物进入，使这些海域呈现严重污染状态。因此，要修复退化的海洋生态环境，首要挑战在于减少污染物进入海洋，确保海洋污染物总量低于海洋生态环境的负荷能力。我们可以依靠海洋生态系统内在的修复机制以及其他补救方法来将海洋生态系统的健康状态进行修复。

（2）生境修复

生境是指具体的生物及其群体生活的空间环境，是该空间环境因子的总和。生态系统空间异质性的降低和生物多样性的减少，导致生态系统退化。常见的海洋生态环境破碎化主要有以下几个方面的表现：

① 海水空间呈现减少与海水质量出现退化

由下列因素引起：海洋污染和海水富营养化，近海工程引起海水动力条件的改变，河流入海径流降低达不到河口水域的生态需水量等。

② 近海水域、滩涂、红树林丧失

主要由海洋围垦、沿海工程、海水养殖活动引起。

③ 海草床和海藻床退化消失

影响因素有：海水富营养化导致透明度降低，使海底生活的海藻和海草得不到充足的光线；海水富营养化还会引起浮游生物大量繁殖，从而影响到底生的海藻、海草的生长；海洋渔业和其他人类活动；地震、台风、海啸等自然因素；海底动物的过度利用和竞争。

④ 海底状态的破坏

由海洋渔业活动（如底拖网）、海底工程、采砂等造成。

因此，可以针对生境丧失和破碎化的原因，采取相应的措施，对生境进行修复。主要的修复方法包括控制污染，改善海水水质；制止非法的海底作业；借助海洋生物保护和移植来实施生物修复等。

（3）生物修复

生物修复方法应用前景非常广阔。但由于实际操作比较复杂，目前仍处于实验阶段。生物修复包括微生物修复、大型海藻修复、贝—藻等生物修复等。

① 微生物修复

海洋中虽然存在着大量可以分解污染物的微生物，但由于这些微生物密度较低，降解速度极为缓慢。特别是有些污染物质由于缺乏自然海洋微生物代谢所必需的营养元素，微生物的生长代谢受到影响，从而也影响到污染物质的降解速度。

海洋微生物修复成功与否主要与降解微生物群落在环境中的数量及生长繁殖速率有关，因此当污染的海洋环境中很少有甚至没有降解菌存在时，引入

数量合适的降解菌株是非常必要的，这样可以大幅缩短污染物的降解时间。而微生物修复中引入具有降解能力的菌种成功与否与菌株在环境中的适应性及竞争力有关。

环境中污染物的微生物修复完成后，这些菌株大都会由于缺乏足够的营养和能量最终在环境中消亡，但少数情况下接种的菌株可能会长期存在于环境中。

② 大型藻类移植修复

大型藻类不仅能有效降低氮、磷等营养物质的浓度，而且能通过光合作用，提高海域初级生产力；同时，大型海藻的存在为众多的海洋生物提供了生活的附着基质、食物和生活空间；大型藻类的存在对于赤潮生物还起到了抑制作用。因此，大型海藻对于海域生态环境的稳定具有重要作用。

许多海区本来有大型海藻生存，但由于生境丧失（如污染和富营养化导致的海水透明度降低使海底生活的大型藻类得不到足够的光线而消失）、过度开发等原因而从环境中消失，结果使这些海域的生态环境更加恶化。大型藻类具有诸多生态功能，而且易于移植，因此在海洋环境退化海区，特别是富营养化海水养殖区移植栽培大型海藻，是一种对退化的海洋环境进行原位修复的有效手段。目前，许多国家和地区都开展了大型藻类移植工作来修复退化的海洋生态环境。用于移植的大型藻类有海带、江蓠、紫菜、巨藻、石莼等。大型藻类移植具有显著的环境效益、生态效益和经济效益。

在进行退化海域大型藻类生物修复过程中，首选的是土著大型藻类。有些海域本来就有大型藻类分布，由于种种原因导致其大量减少或消失。在这些海域，应该在进行生境修复的基础上，扶持幸存的大型藻类，使其尽快恢复正常的分布和生活状态，促进环境的修复。对于已经消失的土著大型藻类，宜从就近海域引入同种大型藻类，有利于尽快在退化海域重建大型藻类生态环境。没有大型藻类分布的海域，可能本来就不适合某些大型藻类生存，因此应在充分调查了解该海域生态环境状况和生态评估的基础上，引入一些适合该海域水质和底质的大型藻类，使其迅速增殖，形成海藻场，促进退化海洋生态环境的恢复。也可以在这些海区，通过控制污染、改良水质、建造人工藻礁，创造适合大型藻类生存的环境，然后移植合适的大型藻类。

在进行大型藻类移植过程中，可以以人工方式采集大型藻类的孢子，令其附着于基质上，将这种附着有大型藻类孢子的基质投放于海底让其萌发、生长，或人为移栽野生海藻种苗，促使各种大型海藻在退化海域大量繁殖生长，形成茂密的海藻群落，形成大型的海藻场。

③ 底栖动物移植修复

底栖动物中有许多种类是以从水层中沉降下来的有机碎屑为食物，有些以水中的有机碎屑和浮游生物为食，同时许多底栖生物还是其他大型动物的饵料。贻贝床和牡蛎礁分布在众多湿地、浅海和河口地区，它们具备重要的生态功能。这些底栖动物在许多方面发挥着关键作用，包括净化水体、提供栖息生境、维护生物多样性以及促进生态系统中能量的流动，同时对控制滨海水体的富营养化具有重要作用，对于海洋生态系统的稳定具有重要意义。在许多海域的海底天然分布着众多的底栖动物，例如江苏省海门蛎蚜山牡蛎礁、小清河牡蛎礁、渤海湾牡蛎礁等。但是自 20 世纪以来，由于过度采捕、环境污染、病害和生境破坏等原因，在沿海海域，特别是河口、海湾和许多沿岸海区，许多底栖动物的种群数量持续下降，甚至消失，许多曾拥有极高海洋生物多样性的富饶海岸带，已成为无生命的荒滩、死海，海洋生态系统的结构与功能遭到了破坏，海洋环境退化也越发厉害，有的甚至一点生物也没有。

为了让沿岸浅海生态系统得以恢复、水质得以改善以及支持可持续渔业发展，近 20 多年来，全球各地采取了一系列的措施，包括开展建立牡蛎礁、贻贝床和其他底栖动物的恢复活动。在进行底栖动物移植修复过程中，在控制污染和修复生境的基础上，引入合适的底栖动物种类，使其在修复区域建立稳定种群，形成规模资源，以生物调控水质、改善沉积物质量，以期在退化潮间带、潮下带重建植被和底栖动物群落，使受损生境得到修复、自净，进而恢复该区域生物多样性和生物资源的生产力，促使退化海洋环境的生物结构完善和生态平衡。为达到上述目的，采用的方法可以是土著底栖动物种类的增殖和非土著种类移植等。适用的底栖动物种类包括：贝类中的牡蛎、贻贝、毛蚶、青蛤、杂色蛤，多毛类的沙蚕，甲壳类的蟹类等。

2. 石油污染修复技术

（1）物理修复法

物理修复法就是借助于机械装置或吸油材料消除海面和海岸的油污染。这是目前国内外常用的处理溢油的方法，适用于较厚油层的回收处理。

（2）化学处理方法

海水受到石油污染后，除了采用一些常用的物理方法外，通常也采用投加化学药剂的方法消除海水中的石油，常用的化学药剂包括溢油分散剂、凝油剂和集油剂等。

（3）生物治理技术

物理方法常存在吸油效率低的问题，化学法投加药剂可能会带来一定的负面影响，而生物处理方法能够有效清除海面油膜和分解海水中溶解的石油烃，并且费用低、效率高、安全性好，被认为是最可行、最有效的方法。

3. 海水养殖污染修复技术

物理修复是通过使用各种材料或机械来对养殖环境施加物理力量，以改善环境条件。这种方法是最常见和传统的生态修复技术。

化学修复则是借助一些化学制剂，并将其同污染物进行反应，使污染物变成一种无毒和无害的形式，将污染物从养殖环境中分离或者降解。在水产养殖业中，水质改良设备和水质消毒剂都是应用的这个原理。

植物修复是一项受到广泛关注和研究的生物修复方法，在处理水环境污染方面发挥着重要的作用。在我国，植物修复已广泛应用于治理江河、湖泊、水库等水体污染问题，并取得了一系列显著的工程实践成果。

对于投喂饵料过程来讲，减少饵料损失，仔细地监控食物摄入是非常重要的。加强饵料管理：确保饵料投喂新鲜度，即饵料要有一定质量，严禁使用腐败变质的饵料；保持饵料投喂连续性，即要保证每天有饵料，在饵料紧张状况下宁可少投饵不可不投饵，这样使得养殖物不致因缺少食物而减慢生长；有意识的增添投饵量。

（四）海洋环境的自净能力

1. 物理净化

物理净化是海洋环境实现自我净化的关键过程，在整个海域的净化能力中具有特殊的地位。通过沉降、吸附等一系列过程，慢慢降低海水中污染物的浓度，实现海洋环境的净化。海洋环境的物理净化能力受到多种环境条件的影响，包括温度、盐度等物理要素的综合作用，也取决于污染物的性质、结构、形态、比重等理化性质。如温度升高有利于污染物挥发，海面风力有利于污染物的扩散，水体中颗粒黏土矿物有利于对污染物的吸附和沉淀等。而海水的快速净化主要依赖于海流输送和稀释扩散。在河口和内湾，潮流是污染物稀释扩散最持久的动力，如随河流径流携入河口的污水或污染物，随着时间和流程的增加，通过水平流动和混合作用不断向外海扩散，污染浓度由高变低，可沉性固体由水相向沉积相转移，从而改善了水质。而在河口近岸区，混合和扩散作用的强弱直接受到河口地形、径流、湍流和盐度较高的下层水体卷入的影响。另外，污水的入海量、入海方式和排污口的地理位置，污染物的种类及其理化性质，风力、风速、风频率等气象因素对污水或污染物的混合和扩散过程也有重要作用。

物理净化能力也是环境水动力研究的核心问题，研究物理净化的方法通常采用现场观测和数值模拟方法。近年，欧美、日本和我国学者曾分别对布里斯托尔湾和塞文河口、大阪湾、渤海湾、胶州湾等作了潮流和污染物扩散过程的数值模拟。

2. 化学净化

海洋环境具备一种独特的能力，可以通过氧化、还原、化合等化学反应，有效地降解污染物，实现海洋环境的自我净化。化学净化的效果受到一些海洋环境因素的影响，包括溶解氧（DO）、酸碱度（pH）、氧化还原电位（Eh）、温度以及海水的化学组成和形态等。其中，氧化还原反应起重要作用，而海水的酸碱条件影响重金属的沉淀与溶解。酚、氰等物质的挥发与固定以及有害物质的毒性大小，在很大程度上决定着污染物的迁移或净化，是化学净化的重要影响因素。污染物本身的形态和化学性质对化学净化也具有重大影响。当然，各个因素的影响不是完全独立的，有时海洋环境的化学净化是在多个因子的共同作用下进行的，甚至是与物理、生物的过程同步进行。海洋生态系统是海洋环境要素和生物要素相互依存的系统。水体中的化学净化能力的强弱，一般情况下是多方面因素作用的结果。

3. 生物净化

海洋环境的生物净化指的是借助各类海洋生物的新陈代谢影响，把海洋中的一些污染物质分解并转变成为具有较低毒性或无毒性的物质的过程。如将甲基汞转化为金属汞，将石油烃氧化成二氧化碳和水等。海洋环境中的污染物质进入海洋后，可通过物理混合稀释、对流扩散以及吸附沉降等过程对其进行处

理，这些过程能够显著降低污染物的浓度。然而，为了实现海洋环境的净化，还需要依赖海洋生物的直接作用，例如微生物的作用，以及浮游动物等的间接作用。这些生物起着关键的作用，帮助进一步净化海洋环境，使其恢复清洁与健康的状态。

影响生物净化的海洋环境因素有多种，包括生物种类组成等。不同种类生物对污染物的净化能力存在着明显的差异：如微生物能降解石油、有机氯农药、多氯联苯和其他有机污染物，其降解速度又与微生物和污染物的种类及环境条件有关；某些微生物能转化汞、镉、铅和砷等金属。微生物在降解有机污染物时需要消耗水中的溶解氧，因此可以根据一定时间内消耗氧的数量来表示水体污染的程度。

生物净化最重要的是微生物净化，其基础是自然界中微生物对污染物的生物代谢作用。微生物从细胞外环境中吸收摄取物质的方式主要有主动运输、促进扩散、基团转位、被动扩散、胞饮作用等，微生物降解有机污染物的反应类型有基团转移、氧化、还原、水解、酯化、氨化、乙酰化等作用和缩合、双键断裂等反应。

绝大多数原生动物的营养方式为动物性营养，以吞食其他生物如细菌、藻类或有机颗粒为生。水体中的原生动物与环境条件有关，当有机物浓度较高时，可刺激植鞭毛虫如眼虫的生长，以后会逐步让位于游泳型纤毛虫如豆形虫、草履虫、游仆虫等。当有机物浓度极低，而溶解氧浓度又较高时，会出现后生动物如轮虫和甲壳类。当细菌群落下降时，有柄纤毛虫如钟虫和累枝虫等出现。这些动物以藻类和细菌为食，降低水体中的藻菌含量而使水体变清。

此外，其他一些无脊椎动物在底泥中底栖，如线虫、颤蚓、摇蚊幼虫、蠕虫等有稳定底泥的作用。蠕虫和蠓幼虫有增加底泥和水在固—液界面的物质交换速率的作用。原生动物和后生动物优势种的种类和数量与水体的溶解氧和有机负荷有关，因而也可作为水体水质变化的指示生物。

微型藻类是水体中另一类重要的微生物。藻类具有叶绿体，含有叶绿素或其他色素，能借助于这些色素进行光合作用，产生并向水体提供氧气。其优势种的种类与季节、有机负荷有关。

藻类还可以去除氮和磷，有些藻类可吸收超过自身需求的营养盐，特别是磷，称为超量吸收。藻类的光合作用可降低水中二氧化碳的浓度，引起水体

pH 的上升，使一些营养盐沉淀下来。在阳光和二氧化碳受限时，藻类可直接吸收利用某些有机物并以其作为碳源。此外，藻类还能吸收一些金属。

许多海洋动物，可以直接摄食海水中和海底沉积物中的有机物质，使海洋环境中的有机污染物通过碎屑食物链的途径直接重新进入物质循环，减少了这些有机物质对海洋环境的污染。例如，许多杂食性的动物，像海洋贝类、多毛类中的许多种类，既可以摄食浮游植物，又可以摄食水中的有机碎屑。

总之，在海洋环境中，由于生物净化过程是一个与物理净化、化学净化过程同时发生，又相互影响的过程，因此海域生物自净能力在很大程度上取决于该海域物理、化学自净能力的强弱，这三者都是直接或间接地影响到海洋环境的净化能力。

4. 海洋环境容量

海洋环境容量，是指特定海域对污染物质所能接纳的最大负荷量。通常，环境容量越大，对污染物容纳的负荷量就越大；反之越小。环境容量的大小可以作为特定海域自净能力的指标。其适用于质量管理领域，在环境管理中，只有借助对总量进行控制的手段，把污染物总量控制在一个特定的数值范围内，才能有效地保护海洋环境，消除和减少污染物对海洋环境的危害。

第二节　海洋环境保护策略

一、推动陆海统筹治理体系建设新格局

党中央以习近平同志为核心，决定推动设计生态文明建设体制的重大改革，并把海洋环境保护职责整合到新组建的生态环境部，打通陆地与海洋，为在更高起点、更大空间上谋划陆海生态环境保护工作提供了前所未有的体制优势和机制保障。生态环境部贯彻落实机构改革精神，与中国海警局等部门在海洋监管执法等领域建立分工负责和统筹协作机制，分海区组建 3 个流域海域生态环境监督管理局，指导 11 个沿海省（区、市）和相关市县级生态环境部门重新组建了海洋生态环境保护机构，推动形成权责明确、各司其职、齐抓共管、上下协同的“大环保”工作格局。

二、推动海洋生态环境质量新提升

一是渤海综合治理攻坚战取得阶段性重大胜利，2020 年，渤海近岸海域优良（一、二类）水质比例达到 82.3%，高出 73%的目标要求 9.3 个百分点，入海排污口排查、入海河流断面消劣、滨海湿地和岸线整治修复等核心目标全部高质量完成。二是近岸海域污染防治逐步深化，《水污染防治行动计划》等防治行动先后实施，全国近岸海域优良水质比例在 2021 年达到 81.3%，较 2012 年提升约 17.6 个百分点。三是海洋生态修复持续开展，通过实施“蓝色海湾”等重大修复工程，累计整治修复岸线 1 200 km、滨海湿地 2.3 万 hm^2、红树林 200 多 $hm^2$①。

三、推动海洋生态环境管护效能新进步

一是沿海省（区、市）全部划定海洋生态保护红线，截至 2017 年年底共划定 9.8 万 $km^2$②。二是海洋保护地体系建设进度加快，截至 2020 年年底，我国已有海洋自然保护地 145 个，总面积约 790.98 万 hm^2，海洋生态安全屏障进一步巩固③。三是监测监管网络逐步健全，陆海监测网络整合优化基本完成，以 1 359 个海水质量国控监测点位为基础构架、监测范围覆盖我国管辖海域的海洋环境监测网已经构建，重要典型海洋生态系统监测面积增加至 7.3 万 $km^2$④。四是重点领域长效监管机制不断健全，报请国务院发布《关于加强入河入海排污口监督管理工作的实施意见》，推进入海排污口排查整治；联合农业农村部发布《关于加强海水养殖生态环境监管的意见》，促进海水养殖绿色高质量发展。

四、推动海洋生态环境责任落实新机制

一是压实地方党委政府主体责任，将海洋生态环境作为中央生态环境保护

---

① 靳博，张腾扬，李蕊，等. 渤海治理 成效初显［J］. 中国环境监察，2021（11）：40-44.

② 戈华清. 海洋生态保护红线的价值定位与功能选择［J］. 生态经济，2018（12）：178-183.

③ 谈萧，苏雁. 陆海统筹视野下海洋保护地法律制度研究［J］. 中国海洋大学学报（社会科学版），2021（1）：79-89.

④ 李俊龙，刘方，高锋亮. 中国环境监测陆海统筹机制的分析与建议［J］. 中国环境监测，2017（2）：27-33.

督察重点，指导督促150余个海洋生态环境突出问题的整改落实。二是将近岸海域优良水质比例等核心任务指标纳入沿海地方政府目标责任考核体系，加强对沿海各级政府的指导监督、综合协调和压力传导。三是加快推进生态环境综合执法队伍建设，发布生态环境保护综合行政执法事项指导目录，将海洋、海岛污染防治和生态保护等方面执法权限纳入其中，会同中国海警局等部门持续开展“碧海”等专项监督执法行动，严厉打击盗采海砂等违法违规行为。

五、推动“十四五”海洋生态环境保护再上新台阶

一是深入学习贯彻习近平生态文明思想，推动将海洋纳入“山水林田湖草沙海”一体化保护和系统治理，推进新时期海洋生态文明建设的理论研究与实践。二是推动《中华人民共和国海洋环境保护法》修订，践行习近平法治思想，巩固机构改革成果，相关修法工作已列入全国人大常委会2022年度立法工作计划。三是深入推进美丽中国建设，以美丽海湾和海湾综合治理为主线，有关部门联合发布了《“十四五”海洋生态环境保护规划》，并在2021年挑选了首批8个优秀（提名）案例。四是积极开展污染防治工作，并发布了《重点海域综合治理攻坚战行动方案》，进一步在渤海、长江口—杭州湾、珠江口邻近海域等三大重点海域深入实施海洋污染防治、生态保护修复、环境风险防范等10项攻坚行动。五是联合自然资源部印发并且实施的《全国海洋倾倒区规划（2021—2025年）》，科学规划“十四五”倾倒区设置，积极服务保障沿海地区经济高质量发展。

第三节　海洋资源生态管理

一、海洋资源生态管理的基本概念

（一）海洋资源生态管理的定义

海洋利用是指人类为海洋所设定的用途（如农渔业区、港口航运区、工业与城镇用海区、旅游休闲娱乐区、海洋保护区），也包括海洋开发、利用、保

护、治理的过程或行为。它具有生产力和生产关系两方面特征，即既有海洋生产力的提高，又有海洋关系的协调。后者是指人们在生产活动过程中所建立的海洋社会关系和利益分配机制。海洋管理，其一是指人类经营利用海洋的方式；其二是指对占有、使用、利用海洋的过程或行为所进行的协调活动。不管是哪一种含义，所有这些举措的目标都是增强海洋利用系统的能力和效率。海洋利用系统是一个融合了经济、生态和社会因素的综合系统，所以说海洋管理的主要任务是平衡社会经济和自然生态之间的关系，促使它们协调发展和有序共存。

从生态学的角度来看，我们可以将海洋资源生态管理视为对生态系统的管理，指的是应用生态学理论、技术和方法，通过调控生态系统的结构、功能和过程，来实现生态系统与社会经济系统的协调平衡和可持续发展。从海洋生态学的角度来看，海洋生态管理可以被视为海洋利用与生态系统管理的融合。其核心是根据海洋利用的生态规律，维持海洋生态系统的结构与功能的可持续性。海洋生态管理涉及对人类海洋利用行为的综合性调整、控制与引导。

在海洋管理工作实践中，海洋资源生态管理也往往被认为是一种海洋资源的生态化管理，即以生态理论为指导，旨在实现海洋生态系统的健康发展和可持续利用。这种管理方法不仅追求海洋自然状态的生态平衡，还着重追求自然环境、社会需求和经济利益的和谐统一。其内涵表现为两个层面：其一是确保海洋利用与开发活动符合生态理论，其二是将海洋管理结果定量和定性统一，以保持海洋资源总量的动态平衡，并促进海洋生态协调发展。

基于上述不同研究领域的观点，结合海洋管理的基本内涵，我们认为海洋资源生态管理的定义可以表述为：为了达到可持续利用海洋资源的目标，需要针对海洋资源利用过程中一些比较严重的生态或者环境方面的问题，借助生态学的理论知识或者思想，实施一连串的技术、经济和政策法规措施。从技术层面来看，海洋资源生态管理往往表现为海洋生态建设，即针对外来物种入侵、海水酸化、富营养化、海洋灾害等所采取的相应治理措施。从管理层面上来看，海洋资源生态管理往往表现为通过生态补偿等经济手段、制定专门的法律法规等政策手段，来对海洋利用中的生态和环境问题进行宏观调控与管理。

（二）海洋资源生态管理的原则

1. 保持和提高海洋资源的生产性能以及生态功能

从可持续利用的角度来看，海洋资源的利用是慢慢地增加财富和利益，至少可以保持当前水平。我们不应该采用掠夺性的经营方式，以免海洋生产力下降，引发海洋生态功能的退化。有效的海洋生态管理对海洋资源开发的减少可能带来的风险具有控制作用，让海洋的产出在一定程度上维持稳定。在开发海洋资源的时候，存在许多不确定因素，其中一些海洋开发利用的影响起初难以预测。因此，需要进行后效分析，并且建立能够将生态风险的海洋资源利用降低的新模式。

2. 保护海洋资源的数量和质量

海洋资源的可持续利用涉及两个关键方面，即数量和质量。首先是数量，海洋渔业的可持续发展需要确保有足够的渔业用海面积，以保障食物安全。然后是质量，也就是海水质量不恶化（包括酸化、富营养化和海洋污染等各种形式的恶化）。只有数量和质量同时保证的海洋资源才能实现经济增长、环境保护和社会进步的协同发展。在质量和数量的平衡中，我们才能确保海洋资源公平地传承给下一代。为了实现这个目标，我们可能需要暂时放弃某些经济利益，从长远利益看，收获会更丰富。

3. 海洋利用在经济上应合理可行

人们对海洋进行开发和利用的行为受制于市场经济的规律，其主要目的是获得经济利益。所以说，海洋利用在一定程度上应该对社会经济的发展有所促进，并且能够让人们的福利有所增加，不然，从成本效益分析的角度去看海洋利用方式就明显存在着不合理性。

4. 海洋利用可为社会所接受

海洋资源的可持续利用应当有助于提升人民的生活水平和社会文明水平，让人们的需求得以满足，只有这样才能在社会中得到认可。假如某种开发和利用海洋资源的方式，不被社会接纳，那么很明显这种方式就没有持续的可能性。当然，社会的接受度应当具有整体性的考量，有时候某种海洋利用方式对于某个区域或特定阶层可能是有意义的，然而其对全社会而言却是没有意义的。在这种情况下，这种海洋利用方式必然也是无法长期存在的。

5. 海洋景观与生物多样性得以保持

景观是记录了人类以往对海洋利用实践的历史与遗迹的证据，它承载了珍贵的人类信息和文化传统。同时，景观也是海洋资源可持续利用管理的典范，它为人类创造了欣赏自然与文化多样性、感受美丽和愉悦的机会。生物多样性是指从种群到景观尺度上的生物和生态系统的多样化。动物、植物和其他生物有机体的数量和种类是通常的生物多样性的定义（如物种丰富度）。但是生物结构和功能的多样性概念还应扩大到基因、生境、群落和生态系统，所有这些等级的多样性都具有相应的生态价值。如果没有生境和生态系统的多样性，物种的多样性就不可能实现；如果所有这些等级多样性都不存在，自然界的基本服务功能就不可能维持。

（三）海洋资源生态管理目标

海洋资源生态管理属于公共管理的范畴，它所关注的是公众利益和社会福利。在人口、资源、环境和发展（PRED）矛盾日益尖锐的现代社会，协调解决 PRED 的矛盾并保障社会经济的健康发展，是人类社会最普遍的公众利益。由此我们认为，海洋资源生态管理的目标应当是保证海洋资源的可持续利用，或者在更高层次上，可表述人、生物、海洋关系的可持续发展。

可持续发展作为一种发展的大趋势已被世界上大多数国家所认同。海洋资源可持续利用是海洋资源生态管理的目标，在海洋资源开发利用过程中寻求人口、资源、环境协调，是在保护海洋资源和生态资源的前提下，促进海洋资源的合理利用，提高人类生活质量，实现经济社会的可持续发展。

（四）海洋资源生态管理的内容

1. 海洋健康管理

海洋健康是指海洋在其生态系统界面内维持生计，保障环境质量，促进生物与人类健康行为的能力。对海洋健康的管理，关键是对目前和未来海洋功能正常运行能力的管理。这个概念涵盖了三个方面：第一是生产力，指海洋支持植物和动物持续生产的能力；第二是环境质量，即海洋能够将环境污染物与病菌的损害进行减少，能够对空气进行调节以及修复水质的能力；第三是对生物和人类健康的影响，即海洋水质对动植物和人类的身体健康的影响能力。海洋健康管理主要是通过动态监测和评价来进行的。

2. 海洋利用过程管理

海洋利用过程管理主要包括对养殖、盐业、交通运输、旅游娱乐、围垦、填海等海洋利用过程的管理。其任务就是要在高度集约化的利用中，养护海洋，提高海洋的生产能力。或者说，至少不因海洋的粗放利用而导致海洋的生态功能退化。同时，海洋利用过程还应尽可能满足公众健康、公共安全和大众福利的要求。

3. 海洋覆盖变化管理

海洋利用覆盖变化是指从一种海洋覆盖类型到另一种海洋覆盖类型的转化，而不考虑它的用途。海洋利用覆盖变化的原因，从人类发生学的角度看，涉及人口及其结构、经济因素（如价格和投入成本）、技术水平、政治体系、制度和政策以及社会文化因素等（如态度、偏好和价值观等）。人口增长被看作是海洋利用变化的主导性因素。海洋利用的不断演变将对物种组成和多样性产生影响，可能导致生态系统特征发生变化，如海水富营养化的发生、物质循环系统的紊乱或海洋初级生产力的变化。海洋覆盖变化管理的内容可以概括为两个方面：一是如何有效地监测不同尺度范围内海洋覆盖变化的趋势；二是评价海洋覆盖变化的生态影响及其动力学机制，并制定应对的措施。

4. 海洋景观与生物多样性的管理

海洋生境或海洋生态系统的排列组合构成了景观，所有海洋生态系统过程至少会部分地响应这种景观模式。同类生境斑块间的距离增加或生境斑块尺寸的剧烈缩小都会极大地减少甚至消灭生物体的种群，也可以改变海洋生态系统过程。生物多样性包括遗传多样性、物种多样性和生态系统的多样性，它直接影响海洋生态系统的抵抗力、恢复力和持续力。景观多样性和生物多样性的减少会直接导致海洋生态系统产品的退化和服务功能的降低。服务功能包括：可提供的食物、保护及治理，等等。

5. 海洋文化与历史遗迹管理

文化广义上指的是一个社会的整体生活方式，包括社会行为、知识、艺术、宗教、信仰、道德、法律、传统、规范、习俗和人们作为社会成员所具备的其他能力。海洋生态与文化存在着相互依赖的关系。不同时代的历史文化、不同人种的民族文化、不同区域环境的地缘文化，都创建了不同的海洋生态系统。

例如原始社会、海洋文明时代、工业化时代的海洋生态系统，其文化内涵是很不相同的。海洋生态系统是一个复合的生态系统，其中包括自然生态系统、经济生态系统和社会生态系统，而海洋文化则属于社会生态系统的一部分。海洋生态系统中的历史遗迹是研究环境变迁和人类文明进化的“示踪元素”，一旦遭受破坏，将永远无法弥补。在海洋生态管理中融入文化和历史遗迹的内涵，是人类文明进步的象征。

6. 海洋保护区管理

海洋保护区是指为保护海洋资源、环境和生态而设立的特定海域，包括海洋自然保护区和海洋特别保护区。依照国家相关的法律法规，将进一步对现有海洋保护区进行加强管理，强制性地限制在保护区内有概率造成海洋破坏或者产生干扰的人类利用的行为，让海洋生态环境得以恢复，让生物多样性得以维持与改善，同时保护自然景观。海洋自然保护区将执行不低于一类海水水质标准，而海洋特别保护区将执行相应使用功能所要求的海水质量标准。

（五）海洋资源生态管理的基本手段

为了让海洋生态环境和资源得以保护，应该将人类活动进行协调，尤其是经济活动与环境保护这两者之间的存在的关系，应该综合考虑管理法律、行政、经济等措施手段。这些管理手段不是独立存在的，而是相互渗透相互依存的。最主要、最有效的手段就是通过国家或地区制定并实施相关法律、法规和行政条例，直接控制环境污染。其次，还可以运用经济规律，通过调整价格、成本和税收等经济杠杆，来影响人们从事经济活动和污染防治活动的利益，即利用污染收费、税收和财政补贴等经济手段间接促进海洋生态环境保护。

1. 法律手段

法律手段是一种具有强制力的措施，在海洋资源利用中，必须遵循海洋生态系统的自然规律，根据相关的法律对海洋利用和开发活动进行管理，使海洋生态功能得以增强。广泛地宣传《中华人民共和国海洋环境保护法》《中华人民共和国海域使用管理法》《中华人民共和国海岛保护法》《中华人民共和国渔业法》《中华人民共和国野生动物保护法》等法律，快速拟定并实施与海洋生态环境有关的法律法规，提高人民的法治意识，形成社会广泛参与保护和美化海洋生态环境的氛围。因此，在《中华人民共和国海洋环境保护法》等法律实施的基础上，需要有针对性地解决海洋资源衰退、海洋利用结构失衡、海洋生态环境恶化严重（如海水酸化、富营养化、海水温度上升、外来物种入侵）等问题，确立健全的法律法规框架，同时采取国家管控的法律制度来管理海洋资源利用：根据海洋主体功能区规划的用途管控规则进行海洋开发；在规划和许可的框架下调整海洋用途；划定海洋自然保护区、海洋生态特别保护区、海洋景观自然保护区等生态用海，优先保护各类生态用海；实行城乡增长管理，控制城市、农村建设盲目扩张而滥占用海的现象；加强海岸带整治修复计划和制度建设，改善海洋损害和污染问题，严格限制生态脆弱地区对海洋资源的开发利用，积极主动地防治海洋环境恶化。

2. 行政手段

由于海洋生态系统内的资源类型多，海洋资源与其他资源有所不同，它们拥有着有限数量、固定位置和难以改变的利用方式，同时也是各行各业发展所必需的重要生产要素之一，所以海洋生态系统的管理需要行政手段的适度干预。比如，可以建立具有强制力的海洋生态环境影响评价制度，要求海洋活动单位在决策过程中充分关注其行为对生态环境的潜在影响。又比如编制海洋功能区划，确立一定时期内海洋资源的利用方向，通过对海洋资源进行时间和空间上的最佳组合，制定详尽的海洋用途管制制度，确保有效实施海洋功能区划。

在行政管理决策方面，一些西方学者基于过去的生态环境污染教训，提出了新的理念，将海洋生态环境视为重要因素。这些决策包括三个新的概念：首先是“自然资本”概念，也就是说除了传统经济指标，应将“自然资本”视为城市国内生产总值当中的元素；其次是引入新的“生活质量”概念，也就是以健康为核心，建立客观标准；最后是建立“人类共同财富”的概念，将人们的生活条件与基础视为全人类的共同财富。

因此，保护海洋生态环境的同时也就是在保护自然资源、人们的身体健康，同时也是在确保国民经济可持续发展。在制定经济发展规划时，政府应考虑海洋生态环境的目标，基于生态的视角，同自然生态规律相结合，并对执行规划或决策的影响进行海洋生态环境评估。此外，海洋生态管理措施还需要进一步完善生态环境影响评价制度和海洋功能区划制度。

3. 经济手段

经济手段在海洋生态环境管理中能够弥补行政和法律手段的某些缺陷，它

们具备一定程度的灵活性与高效性，可以以最低的经济成本实现想要得到的生态效果，因此，经济手段在生态环境管理中应得到广泛的应用。

在生态环境管理中，经济手段通常和行政法律手段相联系，很难通过一个明确定义把经济手段和其他手段区分开来。一般地说，所谓生态环境管理的经济手段，是指通过运用市场价值规律，鼓励与限制一些措施，来对海岛的消失以及减少污染起到一定程度的控制作用，以达到保护与改善生态环境的目标。这些经济手段具备以下特点：首先，它们依赖财政奖励，能够以最有利的方式对经济刺激作出反应。其次，采用经济手段，实现保持与改善生态环境质量的目标。海洋环境管理中的经济手段可以根据其作用的不同分为鼓励性措施和限制性措施两种类型。

4. 海洋生态规划手段

生态规划根据生态学原理、方法和系统科学的手段，对人工生态系统内的各种生态关系进行辨识、模拟和设计，以探索和改善生态系统功能，并制定可行的调控政策，以促进人与环境之间的可持续发展关系。生态规划的最后目标是基于生态控制论原理，调整系统内多种不合理的生态关系，提升系统的自身的调节能力。在外部投入有限的情况下通过各种技术的、行政的和行为的诱导手段去实现因海制宜的持续发展。

5. 技术手段

运用技术手段实现海洋生态管理的科学化，包括制定海洋生态环境质量标准、采用海洋生态环境变化的动态监测技术、生产过程的无污染（或少污染）设计技术等。许多与海洋生态相关的管理政策、法律法规均与众多的科学技术存在着一定的关系。解决生态环境问题的速度往往取决于科学技术的发展水平。如果不具备先进的科学技术，察觉海洋生态系统的环境问题也将延迟，就算是后续发现也很难再对其进行治理与控制。举例来说，填海造地和海水养殖等活动往往会对生态环境产生负面效应。人类目前还没有充足的技术手段去预测出人类活动对生态环境所造成的一些负面影响。

6. 宣传教育手段

宣传教育在海洋生态系统管理中扮演着不可或缺的角色。生态环境宣传不仅是科学知识的普及，也是一种思想动员的手段。借助多种文化形式，如报纸、杂志等广泛宣传，让群众对保护海洋生态环境的重要意义以及具体内容有一个具体的认知，增强人民群众的生态环境保护意识，并在一定程度上提高他们对于保护海洋生态环境的积极性以及热情，使保护环境、热爱大自然、保护大自然成为自觉行动，从而有效地制止浪费资源、破坏海洋生态系统的行为。生态环境教育也要通过专业的教育培养专门人才，提高海洋生态管理人员的业务水平，落实海洋生态管理政策。

二、海洋生态承载力管理

（一）海洋承载力的概念

人类的一切生活和生产活动都依赖于周围的陆地、森林、草地、海洋等自然生态系统，这些自然生态系统为人类的生存和发展提供了必不可少的生物维持载体和基本的物质资源。在全球环境污染日益严重、资源逐渐短缺和生态环境慢慢变坏的背景下，科学家们相继提出了资源承载力、环境承载力和生态承载力等概念。资源承载力是整个体系的基础，环境承载力则作为关键与核心，而生态承载力则是这些概念的综合体现。

海洋承载力是指在特定时间段内，在维护海洋生态系统和环境完整的前提下，根据当前社会文化准则和物质生活水平，海洋自身借助自我调节和维持的能力，以及海洋资源和环境子系统的供给和容纳能力，来实现人口增长、环境保护和社会经济协调发展的能力或限度。另外，海洋承载力还包括以下两个方面的含义：首先，海洋具备自我维持和自我调节的能力，以及资源和环境子系统的应对能力，即承压部分；其次，海洋—人—地系统内社会经济子系统的发展能力，即压力部分；最后是指基于区域交流类指标变化而导致的环境与经济之间的关系，政府、企业及公众所采取的措施，即响应部分。

人—海关系理论和可持续发展理论构成了海洋承载力理论的基础。人类与海洋这两者之间的关系可以看作是人—地关系的一种形式，体现在人类对海洋的依赖性与人类的主动行动能力两个方面。人们在生活方式上早已开始对海洋产生依赖，海洋为人类带来了丰富的财富和福祉。

然而，20 世纪的海洋开发高潮的到来，导致中国近海地区部分呈现出过度开发海洋资源、破坏海洋环境、物种不断在减少和海洋环境受到污染的情况，且这种情况在不断加重。以上问题极大限制了海洋经济的发展与健康持续的成

长，同时也对沿海地区的经济发展产生了一定影响。因此，在可持续发展的理念下，新时代下的新型人—海关系概念得以建立。这种关系实际上是一种人与自然相互获益、相互依存、共同成长的关系。通过建立这样的关系，人类才能实现持久的发展。海洋环境承载力提供了以可持续发展为前提，衡量海洋对人类及其社会经济活动支持程度的指标。这意味着人类应该采取一定的措施将海洋环境进行积极优化，让海洋的可持续开发与利用得到保证，进一步让海洋的生产力水平得到提高。

（二）海洋承载力评价方法

至今，国内外学者们一直在持续发展用于预知人们对海洋生态系统造成的作用以及压力的方法，其中包括直接或间接度量承载力的方法。在承载力研究以及应用里，确定所采用的评价方法一直是研究的关键焦点。目前存在的评价模型主要有动态模拟模型法（Evolution of Capital Creation Options，ECCO）、能值分析法、生态足迹法等。对于承载力的理解在不同领域仍存在一定的限制，因此各个领域出现了具有自身特点的承载力度量方法。

1. 动态模拟模型法

动态模拟模型法是以英国资源学家斯莱瑟（M.Slesser）为首的资源学派于1984 年提出的基于长期协调发展的一种新方法，用以测度可持续发展能力。基于“一切都是能量”的假设，该方法综合考虑了人口、资源和环境之间的相互作用的关系，将能量看作衡量的标准，并建立了系统动力学模型。该模型用于模拟在不一样的发展策略之下人口和资源环境承载力这两者存在的弹性关系，并进一步确定以长期发展为目标的区域发展的最佳方案。

ECCO 模型的基本思维：状态空间方法利用欧氏几何空间，通过三维状态空间轴表示系统的各要素状态向量（包括人类活动轴、资源轴和环境轴）。通过在状态空间中确定承载状态点，描述海洋系统在特定时间尺度下的不同承载状况。

2. 能值分析法

海洋能值生态承载力引入能值分析中的能值可持续发展指数（ESI），它是海洋净能值产出率与海洋环境负荷率的比值。海洋净能值产出率是指海洋经济过程中产生的能量值与来自外界经济系统输入能值的比值。海洋净能值产出率越高，说明海洋生态系统的经济活动对外界的贡献越大。海洋环境负荷率是指外界经济系统输入能值与海洋不可再生资源能值的和与海洋可再生资源能值的和的比值，较大的海洋环境负荷率表明在经济系统中存在高强度的能值利用和高水平的科技力量，同时对海洋环境系统施加着较大的压力。如果海洋生态系统的海洋净能值产出率高，而海洋环境负荷率又低，则海洋生态系统是可持续的。

3. 生态足迹法

人类系统所有消费（包括衣、食、住、行）都可以折算成相应的生态生产力土地（Biolog ically Productive Land）的面积。20 世纪 90 年代，加拿大环境经济学家雷斯（William Rees）和魏克内格（Matbis Wackernagel）提出了基于生物物理量的生态足迹概念，用于评估土地的生态容量。生态足迹分析是通过计算生态足迹与生态容量之间的差异（大于 0 表示生态赤字，小于 0 表示生态盈余），来评估人类活动对环境的影响。这个方法以某个地区所提供的生态生产性土地面积总和作为地区的生态承载能力的度量。然而，这种方法无法全面反映社会和经济活动等其他因素对生态系统的影响。

海洋生态足迹的基本原理：用人类消费和污染消纳所消耗的各种海洋资源（如海洋生物资源、海洋矿产资源、海洋新能源等）的区域消费量除以区域单产量，就可得到各类海洋资源生态生产力的区域生态足迹的占用面积，但由于各个区域生态生产力各不相同，因此，必须乘以产量调整因子后才能得到各类海洋资源的全球生态足迹的占用面积，又因各类海域的生产力不同，将每类海域面积分别乘以各自的等量因子之后，还需将各类等量海域面积相加，即可得出某特定区域生态足迹的占用面积。

三、海洋生态系统管理

（一）海洋生态系统的能量流动

生态系统的功能主要展现在生物生产、能量流动、物质循环等方面。其中，生态系统的基本功能之一就是生物生产。生物生产指的是将太阳能变为化学能，又经生物体的生命活动变为动物能的过程。海洋接收了绝大部分的太阳辐射能，但其中仅有一小部分通过海洋植物及细菌固定下来，作为海洋动物生命

活动的能源。小型浮游动物通过摄食浮游植物、细菌和碎屑等取得能量，这部分能量除死亡成为碎屑和可溶性有机质外，由于被摄食，流向中型浮游动物，温和性中型浮游动物通过摄食，从海洋植物、细菌和小型浮游动物取得能量。除部分死亡外，由于被摄食，其能量流向肉食性中型浮游动物、大型浮游动物、底栖动物和游泳动物。肉食性中型浮游动物通过小型浮游动物、温和性中型浮游动物和海洋植物取得能量。由于死亡，部分能量流入水中外，通过被摄食，流向大型浮游动物和游泳动物。大型浮游动物从中型浮游动物和海洋植物取得能量，除部分死亡流入水中，部分被游泳动物摄食，转化成游泳动物产量外，部分成为人类渔获物。底栖动物从海洋植物、细菌和中型浮游动物取得能量，除部分个体死亡外，能量直接流向游泳动物。海洋植物通过光合作用所取得的太阳能流向各营养级之后，由于游泳动物的摄食活动，最后流向游泳动物成为人类的捕捞对象，为人类所利用。细菌在海洋能量流动中起很大的作用。海洋植物所取得的太阳能，除了通过营养关系和各营养级消耗，最后为人类所利用外，绝大部分的能量由于各营养级生物的死亡，成为碎屑形态或可溶性物质存在于水体内，海洋中细菌通过分解这些有机物质，释放掉大部分能量，自身在这过程中可取得少部分产量。这部分能量通过营养关系又转移到浮游动物和底栖动物方面。海洋生态系统中能量流动的基本情况大概如此。

（二）海洋生态系统的物质循环

为了维持生存和繁衍，生态系统中的生物除了依赖能量输入外，还需要持续获取物质供给。即仅仅有能量并不能维持动、植物的生命，还必须有一定的物质基础。假若我们将能量比喻为来自太阳的动力源，那么地球则扮演着为生物提供所需物质的角色。生态系统中的物质主要指的是构成生命所需要的多种营养元素。这些元素在不同营养级之间传递，并形成物质的流动。在生态系统物质循环中，氧、氮、氢和碳等物质起着至关重要的作用。这些元素在生命活动中起着重要的作用，它们在生态系统中既在生物之间循环，又在生物与无机环境之间沿着特定的途径不断地反复循环。因此，生命系统的整个过程都取决于这些元素的供给、交换和转化，因而这些元素又被称为生命元素或能量元素。

在海洋生态系统中这些元素通过以浮游植物为主的绿色植物吸收利用沿着食物链并在各个营养阶层之间进行传递、转化，最终被微生物分解还原并重新回到环境，然后再次被吸收利用、进入食物链转化和传递进行再循环，这一有机体和无生命环境之间不断进行的物质循环过程即为生态系统的物质循环。

海洋生态系统的生物和非生物成分之间，通过能量流动和物质循环而联结，形成一个相互依赖、相互制约、环环相扣、相生相克的网络状复杂关系的统一整体。生态系统的持续存在和进化依赖于能量的不断流动和物质的循环。遵循这个规律，要使海洋生态系统保持稳定，最基本的一条是从生态系统中拿走什么，就要在适当时间归还什么，进行等量交换，做到收支平衡。

（三）海洋生态系统的动态平衡

平衡应该是指各种组成部分相对平衡地保持一定程度的动态状态。任何一个生态系统都有它的弹性或可塑性。就是说，海洋生态系统内的某一环节在一定范围内发生变化时，整个系统都能够进行适度的调节，以保持其相对稳定的状态而不会受到破坏。即使经历轻微破坏，该系统也能够自我修复并恢复原状。自然界根本不存在绝对的平衡，生物与环境之间永远处于相互适应与协调的过程。所谓协调是指多种物质的分解、合成、补偿、反馈、置换、协同等一系列复杂过程，平衡则是在协调过程中出现的稳定状态，这就是所谓“生物环境的协同进化论”。协同进化论将生物和环境视为相互依存的整体。它认为生物既是某一特定环境空间的居住者，也是环境的组成部分。作为居民，生物不断利用环境资源；作为环境成员，它们也常常对环境资源进行补偿，以确保环境能够保持一定范围的物质储备，以支持生物的再生。在整个自然环境中，海洋资源是无法替代的最重要的自然环境资源。它既是环境的构成部分，又是其他自然环境资源的载体。因此，海洋资源的科学管理对于保持生态系统平衡有着不容忽视的作用。同时，通过了解和应用生态平衡的规律，我们可以用高质量高产的平衡代替低质量低产的平衡，并进一步创造具有更高生物生产力的人工生态系统，这也是海洋资源生态管理的重要任务。

（四）海洋生态平衡原理的实际应用

1. 收获量小于净生物生产量

根据自然资源分类，生态系统是可再生的自然资源。然而，这种可再生性是有前提条件的。只有当生态系统的能量输入与输出保持平衡时，生态系统才

能成为源源不断的自然资源。这就要求从生态系统中收获产品的数量不能超过它的生产量，在海洋开发利用和管理中必须遵守生态平衡规律，这是生态系统的生态阈限。根据这一规律，任何一种海洋生物资源的捕捞量必须等于或小于其生长量。否则，该海洋生物资源将日益减少，甚至“无鱼可捕”。

2. 调整海洋生态系统的整体性

生态系统是一个整体。在海洋环境中，包括海域、海岛、海岸带和滩涂，动物、植物、微生物等生物，以及光、水、气、热等非生物成分。以上成分与成分相互关联、相互制约，通过能量和物质的流动形成一个完整不能分割的综合系统。当生态系统中的某一元素产生变化的时候，也肯定会相应地引起其他成分的变化。所以说，在开发利用和管理海洋资源，以及建立人工生态系统时，需要遵循调整整个生态系统的原则。

所谓调整生态系统整体性的原则即遵循生态系统结构与功能相互协调的原则。运用并实施这一原则，我们既能够维持生态平衡，也能够开发、利用海洋环境，并对其进行改造。唯有看重结构和功能的适应性，才可以避免由于结构或功能严重的破坏而引发环境退化的连锁反应。

遵循上述原则并保持生态系统的平衡，并不意味着要回避人为的干预和控制对生态系统的影响。保持海洋生态系统平衡并不等于绝对不能开发海洋，而是需要解决好什么条件下才能开发和如何开发才为合理的问题。如围海造地可以拓展城乡发展空间，缓解土地供需矛盾，实现耕地占补平衡，培育新生经济增长点，给人类带来更多经济利益。但是若不权衡海岸、海域各生态系统的联系和生态后果，也会变利为害。

3. 充分利用生态因子区域分异规律

生态系统中的各种要素，如太阳能、水、二氧化碳和矿物元素，在自然界中的分布存在区域性特征。海水中的二氧化碳溶解总量一般是在 34～56 mg/L 之间，在海底岩石中才可以找到矿物元素。然而，主要的生态要素——太阳能的数量受到众多因素的限制，如纬度的高低、云量的多少等。海水的盐度也常常与距离海岸的远近有关。温度和盐度的差异导致不同海域生态系统类型的存在，这也就赋予海域生态系统以区域性特征。

为了最大程度地利用各种生态系统的生物生产能力，应该根据不同生态系统的地域规律进行划分和分区，并制定相应的生态区划。根据每个地区生态系统的特点和生态平衡的相关规律，要灵活地安排海洋渔业生产，将每个海域的海洋生产潜力发挥到最大。即使在同一大生态区域内，温度和盐度又因海洋地形、地势、洋流等多种因素的影响差异甚大，区内各海域渔业发展也不能“一刀切”。应根据各生态系统的差异，确立不同的发展方向，采取不同的渔业技术措施，做到宜渔则渔、宜养则养。在生产安排上，大区有主，区内有副，各区一主多副，综合发展，做到海尽其力。

4. 创造生物生产力更高的海洋生态系统

人类是生态系统中至关重要的一部分，不仅能对生态系统产生破坏力度，也能够重新创造出新的生态系统。人们的物质需求在不断增长，为了满足这种需求，我们不能故步自封，等待大自然的给予恩赐。相反，应该积极探索生态系统，积极寻找生态平衡的相关规律，努力创造更高生物生产力的新生态系统。

海水养殖生态系统是调整海洋生态系统的营养的成功典型。依照能源获取方式的不同，海水养殖生态系统可分为自养和异养两种生态系统。自养生态系统大部分依靠太阳辐射得到能源，在养殖的时候不需要添加饵料，因此，属于开放的生态系统。这类养殖生态系统常见的有海藻养殖系统、贝类养殖系统等。异养生态系统又称为人工营养型生态系统，主要靠人工投饲来提供能源，其养殖过程在一定程度上受到人为的调控。投饵养殖主要有网箱养殖和池塘养殖两种形式。当前全球范围内的海水养殖系统，不管是自养还是异养，大多数都已经实现了半集约化或集约化养殖（即半精养或精养）水平。

封闭式内循环系统养殖是一种创新的海水贝类养殖方式。它通过将虾类或鱼类养殖池塘排出的肥水引入贝类养殖池塘，在贝类经过一定的滤食之后，就可以在一定程度上有效去除很多的单细胞藻类以及部分有机颗粒。随后，在植物池和生物包中经过处理后，可以进一步将水体中含有的可溶性有机物进行去除，进而实现水质净化，然后再次循环回虾类或鱼类养殖池中。按照以上步骤不断循环。

封闭式内循环系统养殖模式运用生态平衡原理、物种共生原理，利用处于不同生态位的生物进行多层次、多品种的综合生态养殖，解决了贝类池塘养殖中饵料缺乏、水质过瘦等问题，鱼、虾养殖产生的残饵、粪便和有机碎屑，既能直接作为底栖贝类的摄食饵料，又可为水体中的单胞藻提供氮、磷等营养盐，促进单胞藻的生长，提高了养殖水体中饵料生物的数量，供给贝类食用。生态养殖模式通过不同生态微生物之间的相互作用，维持了养殖生态系的自我平

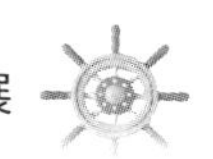

衡，有效地控制了养殖污染，减少了病害的发生，从而达到了安全健康、可持续生产的目的。

第四节　科技支持下的海洋产业可持续发展

一、科技支持下海洋产业可持续发展的内涵

海洋产业是以消耗海洋自然资源为条件，经重复性投入产出活动而形成同类产品的生产事业在市场上的集合。海洋科技产业是指海洋技术，特别是海洋高新技术已成为生产的主要要素的海洋产业。也就是海洋技术进步对海洋产业产值增长的贡献率达到了相当高的水平。当这种技术进步对海洋产业产值增长的贡献率已达到50%以上时，这类海洋产业就可称为海洋科技产业。海洋科技产业虽然也消耗海洋自然资源，但由于技术的促进作用，使得这种消耗向精深和综合利用方向变化成为可能。

传统的经济理论一般是将知识作为经济增长的外生变量，生产要素主要包括劳动力和资本，它们是有限且可消耗的资源。然而，知识在某种程度上却是没有限度的。与其他资源不同，知识在使用过程并没有减少，相反，在使用的时候还会不断创造新的知识。所以说，以知识为基础的经济是能够实现可持续发展的。

我国是一个海洋大国，海洋资源十分丰富。加上海洋科技的促进作用，海洋科技产业，如海洋药业等一定能够实现可持续发展。

二、科技支持下海洋产业可持续发展的基本条件

（一）良好的发展环境

产业发展一靠外部环境，二靠内部机制，我国的海洋科技产业具备良好的发展环境。从国际上看，和平和发展在今后很长一段时间内仍是世界的主流，世界海洋开发的大潮正扑面而来。从国内看，“科技兴国战略”早已开始实施。党中央、国务院非常重视发展海洋经济，并把发展海洋事业作为国家发展战略，

高度重视及政策对路，为我国海洋科技产业的发展创造了良好的环境。

（二）明显的区域优势

太平洋地区正在成为世界经济最繁荣的地区，21 世纪是“太平洋时代”的呼声越来越高。我国位于太平洋西岸，靠近海域，处于中低纬度地带，享有良好的自然环境和丰富的资源条件。我国的沿海省、市、区正处于世界贸易中心——太平洋西岸这一最有利的地理位置，这对我国海洋科技产业的发展是十分有利的。

（三）得天独厚的资源优势

我国沿海南北跨度大，相距 4 000 余千米。气温、降雨量等环境要素南北差异大，使我国资源种类丰富多样，具有明显的地域特点。主要资源除本书有关章节已介绍的之外，自然造陆资源和滨海旅游资源也各有特色。

（四）良好的可持续发展基础

随着开放战略的实现，沿海地区在法制、管理等各种方面取得了显著进展，并且大幅改善了投资环境。此外，依照国家法规，沿海地区还制定并实施了一系列适应当地情况的具体规定以及优惠政策。各地设立了专门机构负责管理外资并为外商提供服务，共同对项目进行协调，并共同进行审批，共同处理外商投诉，同时还创建了一些专门为外商提供服务的业务，有效提高了工作效率，在外资企业的正常运营方面可以说是创造了较为不错的条件。沿海地区的交通和通信也得到了显著发展，通信设施得到明显改善，在先进的通信技术装备的使用方面也越发的广泛，这就使沿海主要城市能够直接与全球 180 多个国家和地区进行通话。另外，沿海能源与水源供应方面也不能松懈，也应慢慢完善，为进一步发展外向型经济创造有利的条件。

三、海洋科技产业可持续发展

（一）海洋科技产业可持续发展战略的基本政策和原则

维护国家海洋新秩序和国家海洋权益。

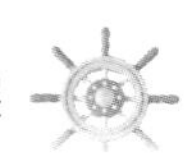

对规划海洋的开发和整治进行统筹。

积极并且合理地对海洋资源进行利用，并将海洋事业的协调发展进行推动。始终坚持开发同保护并重的原则，保证海洋资源能够实现可持续的利用。整体考虑，对海洋资源进行全面的开发以及利用，慢慢发现并挖掘出海洋资源中新的潜力，运用创新技术，培育和发展新兴海洋产业，以推动海洋经济的持续、快速和健康发展。

确保海洋资源的开发与海洋环境的保护在规划和实施上同步进行。制定一系列海洋开发和生态环境保护协调发展规划，注重预防为主、防治相结合的原则，并坚持谁污染谁治理的原则。加强对海洋环境的监测、监视和执法管理，特别关注陆源污染物的管理，建立相应的污染物控制制度，以预防海洋环境的退化。

加强海洋科学技术研究和开发，注重基础研究，组织攻克核心的海洋技术难题，促进海洋高科技的发展，持续地提升海洋方面与海洋方面相关的服务领域的技术水平。推广应用先进而适用的技术，缩小不同地区间海洋开发技术水平的差距。完善高等院校的海洋专业设置，对职业教育进行加强，并培养出更多多层次的海洋科技人才，积极加强对海洋知识的传播力度。

建立海洋综合管理制度。

主动地参与海洋领域的国际合作。

这些政策和原则是发展海洋科技产业的行为规范。要实现海洋科技产业的持续发展，须认真执行以上政策和原则。

（二）海洋科技产业可持续发展策略

1. 海洋科技产业的可持续发展的方向分析

传统的经济理论关注的是劳动力、资本和原材料等生产要素的投入，并提出了递减收益规律，即随着更多生产要素的投入，回报率会逐渐降低。知识和技术对生产的作用，通常被视为外在因素。知识经济要求找到一种能够将知识作为生产变量纳入经济分析范畴的理论——新增长理论。

根据新增长理论，投资回报率可以因知识的增加而提高，而这进一步促进了知识的积累。因此，我们可以推测出一种可能性：通过持续增加投资，可以实现经济的可持续发展。海洋知识代表了人们通过观察、学习和实践等方式所获得的对海洋认知的综合体。海洋知识经济是建立在海洋知识和信息的生产、分配和使用之上的经济，海洋科技产业是以海洋科技特别是海洋高科技为主要生产要素的产业。即海洋科技进步对海洋经济增长的贡献率起到主导作用，同时海洋经济的增长反过来又进一步促进海洋知识的积累和发展。循环往复滚动前进。因此，海洋科技产业是能够实现可持续发展的。

2. 海洋科技产业可持续发展的战略目标

海洋产业指的是通过开发和利用海洋资源形成的一系列产业，包括海洋渔业、海洋交通运输业等。海洋是一个新兴起的开发领域，传统产业在慢慢持续进步发展，新兴产业也在不断出现。大力发展海洋技术，特别是海洋高新技术，改造传统产业，拉动新兴产业的发展，加大科技进步对海洋经济的贡献率，提高海洋经济在国民经济中的比重是发展海洋科技产业的目的。

改革开放以来，我国的海洋经济有了长足的发展，目前，正处在一个快速发展的黄金时期，发展潜力巨大。但与发达国家相比，我国的海洋产业总体水平落后很大；海洋技术，尤其是海洋高新技术，与国外先进水平存在较大距离，许多高新技术领域依旧没有能够得到充分开发，关键技术仍需攻克，这直接制约了中国的海洋产业，特别是新兴海洋产业的发展。

3. 战略措施

（1）国家要把建设海洋强国作为世纪战略

中国作为一个海洋大国，要实现海洋强国的目标，一定要将海洋的开发利用和保护放在非常重要的地位，同时应该将其看成是国家重要的发展战略去持续有序地实施。为此，还应该制定切实有效的投资政策，发行海洋方面的重点工程建设债券，推行海域与资源有偿进行施用的相关方面的制度，并广泛开展资金筹集。加强对海洋建设投资风险的控制，对海洋方面的开发风险基金组织。

推动海洋核心企业实施现代企业制度，激励海洋高科技产业发展，重点支持资金需求，并为其在税收方面提供优惠政策。国家应加大投资力度，促进海洋科技和海洋教育的发展，设立“海洋科技教育发展基金”和“海洋高科技成果奖励基金”，吸引科技人员投身于海洋事业的发展和海洋资源的开发。

（2）实施海洋科技战略

海洋科技产业的可持续发展的核心就是科技进步。确保中国海洋科技事业的快速、健康发展，首要任务是制定好指导海洋科技事业发展的总方针、总计划。

4. 发展海洋高科技产业人才是关键

发展海洋高科技产业，打造海洋强国，关键在于培养和有效利用人才。在21世纪的海洋竞争中，知识和人才的竞争决定着人们掌握和运用最新技术能力的程度。实施21世纪中国海洋战略，努力发展海洋知识经济，同时高度注重与细心组织海洋人才培养计划，培育结构合理、学科全面、素质较高、规模可观的海洋人才队伍。

创建促进海洋人才成长的良好软环境，形成推崇知识、重视人才的社会氛围。

制定促进人才脱颖而出的政策。对人事管理的机制进行改革，从静态管理转向动态的管理，建立双向选择的用人机制。对海洋的人才库进行建设，为人才选拔和合理利用打下基础。制定人才流动相关的优惠政策，吸引国内和国外的优秀的海洋科技人才，并且在不同学科之间进行彼此学习与渗透，为良好的人才培养环境创造条件。在用人的政策方面应该建立一定的公平竞争的机制，突破规定，积极选拔真正有才干的海洋科技人才，推动大量优秀人才脱颖而出。建立激励分配机制，设置不同层次的激励措施，确保为作出卓越贡献的海洋科技人才提供高额报酬。应该设立海洋科研的国家级重点实验室，保障海洋科技人员的科研和试验的条件，以推动事业发展为手段，激发海洋科技人员的积极热情。

将海洋科技人才的年龄结构进行优化，建立合理的老中青人才梯队。并且看重年轻学者以及技术领军人物的培养计划，致力于创造有利于年轻杰出海洋科技人才脱颖而出的成长的环境和氛围。努力去创造机会，热情欢迎海外海洋科技人员到我国工作，或者以其他多种的方式为国家的海洋建设贡献力量。不只是应该对各种类型海洋科技人才进行大力的培养，同时还应该注重培养擅长现代经营管理的海洋专家和企业家，以形成庞大而有力的海洋科技队伍，为海洋科技革命、迈向海洋制高点而奋勇前进。

推动海洋教育，应该不断提升海洋从业人员的能力水平。加强海洋科技团队的文化建设。必须使海洋科技专业人员认识到，中国在海洋科技领域的发展相对滞后，迎头赶上世界先进国家依然十分困难，应该职业操守、奉献精神以及奋斗精神。在全国范围内营造一种积极向上、振兴国家海洋事业的氛围，激励海洋科技工作者为之拼搏奋斗。

（三）海洋科技产业可持续发展的保障体系

保障海洋科技产业可持续发展最重要、最关键的是激励科研机构、高等学校、海洋企业及其科技人员参与市场竞争，以贯彻《中华人民共和国科学技术进步法》与《中华人民共和国促进科技成果转化法》为基础，紧紧围绕科技部、教育部等发布的《关于促进科技成果转化的若干规定》（以下简称若干规定），充分利用国内外环境的有利条件，致力于研发海洋高新技术，将海洋科技成果转变成为实际应用，并积极推动海洋高新技术产业的发展。有关专家评述，《若干规定》中鼓励高新技术研究开发、保障高新技术企业经营自主权和为高新技术成果转化创造环境条件三大部分和 12 条措施，是继农村实行家庭联产承包责任制等以来，除了从根本上依靠科技进步解放生产力，解决人才和科技成果游离市场和企业之外的又一个发展高新技术产业的战略性措施。即我们不仅要关注研究机构和高等院校如何增加人力和物力资源用于高新技术的研究开发，还要专注于通过更加灵活以及有效的方法去把高新技术引进来。而且要着力在企业技术创新制度、激励机制存在的缺陷上下真功夫，二者不可偏废。各区域以及各个部门均应依照《若干规定》的要求，细心探究在高新技术产业发展过程中科研机构、高等学校、企业和科技人员所面临的问题，并且要与各个单位的实际情况相结合，制定符合实际并且可行的实施办法，建立相关规章制度，推动中国高新技术产业向更高水平迈进。《若干规定》和《中国海洋技术政策》同样是海洋科技产业，特别是海洋高技术产业可持续发展最重要的保障体系。海洋经济的相关机构应根据海洋科技开发与海洋相关产业发展规律，注重海洋科技产业的人才培养工作，推动海洋产业的生产力的发展，以确保科技进步在海洋产业产值中的贡献率能够从约 30%提升到超过 50%[①]。

---

① 胡志勇. 中国海洋治理研究［M］. 上海：上海人民出版社，2020.

参考文献

［1］胡劲召，卢徐节，徐功娣. 海洋环境科学概论［M］. 广州：华南理工大学出版社，2018.

［2］曹晓强. 海洋环境污染与防治［M］. 北京：中国环境出版集团，2021.

［3］王平，徐功娣. 海洋环境保护与资源开发［M］. 北京：九州出版社，2019.

［4］焦连明. 海洋环境立体监测与评价［M］. 北京：海洋出版社，2019.

［5］刘宇迪，亓晨，赵宝宏，等. 南海海洋环境气候特征［M］. 北京：国防工业出版社，2022.

［6］范英梅. 海洋环境管理［M］. 南京：东南大学出版社，2017.

［7］国家发展和改革委员会，自然资源部. 中国海洋经济发展报告 2021［M］. 北京：海洋出版社，2022.

［8］白斌，刘玉婷，刘颖男. 宁波海洋经济史［M］. 杭州：浙江大学出版社，2018.

［9］孙吉亭. 海洋科技与海洋经济融合发展研究——以山东省为例［M］. 北京：海洋出版社，2022.

［10］宋剑，李志红. 河北省海洋经济高质量发展研究［M］. 北京：燕山大学出版社，2020.

［11］李志刚，陈娟. 自然资源权属视角下政府在海洋旅游开发中的作用研究［J］. 商展经济，2023（10）：118-121.

［12］余颖博，张效莉，宋维玲. 海洋经济区域差异统计测度及潜在产出分析［J］. 调研世界，2023（05）：44-55.

[13] 宋宁静. 海洋环境规制对海洋资源消耗强度影响研究 [J]. 海洋开发与管理，2023，40（01）：74-82.

[14] 金晓燕，李雪娟. 海洋创新与海洋经济的协同化分析——一种基于系统思维的解读 [J]. 新经济，2023（04）：121-128.

[15] 王伟萍，陈晓文，马雪婷. 国家海洋经济发展试点政策效应及异质性评价——基于双重差分法的实证检验 [J]. 海洋湖沼通报，2023，45（02）：184-191.

[16] 陈广泉，李兵，王尔林，等. 海洋资源分类及调查监测关键技术 [J]. 地理信息世界，2022，29（05）：54-60.

[17] 孙欢，谭晓璇，屠建波，等. 天津市海洋空间资源承载力定量研究 [J]. 天津师范大学学报（自然科学版），2022，42（05）：52-58+65.

[18] 王帅. 我国海洋资源保护现状及相关法律制度研究 [J]. 中学地理教学参考，2022（16）：94-96.

[19] 戴桂林，郭恩秀. 中国海洋渔业资源利用强度时空演化与因素分解研究 [J]. 中国渔业经济，2022，40（03）：38-45.

[20] 赵昕，贾在珣，丁黎黎. 多维视角下中国海洋经济绿色全要素生产率的空间异质性 [J]. 资源科学，2023，45（03）：609-622.

[21] 马建文. 面向海洋经济产业文本数据的信息抽取算法研究 [D]. 广州：广东工业大学，2022.

[22] 张文晖. 海岛振兴视角下长海县海洋经济高质量发展研究 [D]. 大连：大连海洋大学，2022.

[23] 邓浩成. 科技创新视角下中国海洋经济与海洋生态协调关系研究 [D]. 济南：山东财经大学，2022.

[24] 邱勋明. 高质量发展背景下广东涉海上市公司经营效率研究 [D]. 广州：广东财经大学，2022.

[25] 刘盛. 环渤海地区海洋经济韧性研究 [D]. 大连：辽宁师范大学，2022.

[26] 杨雅婷. 我国沿海地区海洋经济韧性的省际差异及其成因研究 [D]. 上海：上海海洋大学，2022.

[27] 金起范. 中国海洋资源开发管理效率研究 [D]. 秦皇岛：燕山大学，2021.

[28] 李政一. 国家治理现代化视野下的海洋强国建设研究 [D]. 济南：齐鲁工业大学，2021.

[29] 田宛鑫. 海洋资源资产离任审计质量研究 [D]. 大连：大连海洋大学，2022.

[30] 车宜蓉. 海洋法基本原则研究 [D]. 大连：大连海事大学，2022.